不生气的女人最幸福

弱者易怒如虎，强者平静如水

Bushengqi De Nvren Zuixingfu

韩　菲 ◎ 编著

与其因为别人看扁你而生气，倒不如努力争口气
争气永远比生气漂亮和聪明

台海出版社

图书在版编目（CIP）数据

不生气的女人最幸福 / 韩菲编著. —北京：台海出版社，
2016.12

ISBN 978 - 7 - 5168 - 1247 - 1

Ⅰ. ①不… Ⅱ. ①韩… Ⅲ. ①女性－情绪－自我控制
－通俗读物 Ⅳ. ①B842.6 - 49

中国版本图书馆 CIP 数据核字（2016）第 308775 号

不生气的女人最幸福

编　　者：韩　菲

责任编辑：王　萍　赵旭雯　　　　　责任印制：蔡　旭

出版发行：台海出版社

地　　址：北京市东城区景山东街 20 号　邮政编码：100009

电　　话：010－64041652（发行，邮购）

传　　真：010－84045799（总编室）

网　　址：www. taimeng. org. cn/thcbs/default. htm

E-mail：thcbs@126. com

经　　销：全国各地新华书店

印　　刷：北京柯蓝博泰印务有限公司

本书如有破损、缺页、装订错误，请与本社联系调换

开　　本：710×1000　　1/16

字　　数：226 千字　　　　　　　　印　　张：17.5

版　　次：2017 年 4 月第 1 版　　　印　　次：2017 年 4 月第 1 次印刷

书　　号：ISBN 978 - 7 - 5168 - 1247 - 1

定　　价：36.80 元

前言

　　随着现代生活节奏的加快与女人扮演的社交角色的逐渐丰富，生活的焦虑、家庭的琐碎、工作的压力等，都让女人感到苦恼和烦闷。于是，生活中，越来越多的女人开始叹息、抱怨、愤怒、烦恼，甚至痛苦，生气似乎成了一种生活常态。

　　与其说是纷扰的外界、生活重压让她们的生活少了一份安宁，内心少了一份快乐，不如说她们的内心少了一份淡定。正因为能够安安宁宁、平平淡淡过日子的人太少，所以，心态平和、内心平静的女人更是难能可贵。而唯有淡定的女人方能够摒弃无谓的烦恼、去除杂念，从而更能感受到生活的幸福和人生的快乐。

　　台湾著名作家吴淡如说：“凡是人都会生气，但是愤怒会蒙蔽理智，发泄愤怒的代价，往往超出你的想象，可以让生命中的百宝箱，因为不值得的人或东西，毁于一夕。”不可否认，生气或愤怒会让人丧失理智，进而会为此负出巨大的代价。正如一位哲人所说，人在愤怒的一瞬间，其智商变为零，过一分钟后恢复正常。其实，女人优雅的关键就在于能控制自己的情绪。用嘴巴伤害他人，是最愚蠢的一种行为。我们的不自由，通常是因为来自内心的不良情绪，左右了我们。从某种角度来说，一个能控制住不良情绪的人，比一个能拿下一座城池的人还要强大。

　　另外，生气、愤怒等不良情绪，对人的健康的影响也是极为巨大的。

曾有一位生理专家指出，生气1小时的杀伤力相当于熬夜加班6小时！生气是一个人对自己实施的酷刑，消极恶劣的情绪会造成心理及体力过度消耗，导致免疫力下降，使各种疾病甚至癌症发生，盛怒有时还能瞬间夺走人的生命。所以，为了自己的健康，千万别再生气了！

生活中，要想做一个幸福的女人，一定要学会掌控自己的不良情绪，懂得克制自己的愤怒，学会不轻易生气，这样才能够时刻在平和的生活中体味幸福和快乐的滋味。

《不生气的女人最幸福》是在告诉广大读者：控制情绪、不生气是一种积极乐观的生活态度，是智慧不争，是宠辱不惊，是对简单生活的一种追求，是历尽沧桑却依然能随遇而安的美丽。能控制自我情绪的女人是智慧的，是聪明的，是优雅的，是快乐的，更是有魅力的。任光阴荏苒，任青丝染成白发，不生气的女人总是能够找寻到属于自己的生活乐趣，总能在平淡之中发现美丽的风景，也能在忙碌中体会幸运的滋味，也能在挫折中看到生活美好的一面。哪怕受过伤，依然能保持淡定优雅的生活姿态。

目录

第一章

闲看庭前花开花落，
气定神闲是最美

什么样的女人最美丽？恐怕很多人都会这样认为，在喧闹的人群中，那个一直沉静地坐着，气定神闲的女人最招人疼爱。内心沉静，气定神闲的女人，给人的一种遗世的安静与优雅的美。那种涤尽了世间铅华，看穿红尘人情冷暖的非凡美丽与惊人情怀，让她们如开在广漠里的一支幽兰，尽管有过惆怅与失意，疼痛与遗憾，但仍能保持清绝的姿态，在阳光下冷静地观人情冷暖，在月光下安然地静守光阴流逝，不受一丁点人间烟火的熏染，只携一抹清淡的幽香轻轻走过浮世流年。这样的女人散发出来的气质是最动人的。

1. 与其声嘶力竭，不如莞尔一笑

大多女人比较感性，情绪容易受外界事物的影响，如丈夫误解自己了，孩子哭闹了，公交车上被人踩了脚，被身边疾驰而过的汽车溅了一身污水等，生活中各种各样琐碎的小事都能成为她们火冒三丈的原因。但是无论你多么生气，也不会让事情有所改观，只会让事情变得更加糟糕。

其实与其声嘶力竭，用粗暴解决问题，最后弄得不可开交，倒不如莞尔一笑，来点小幽默，让烦恼烟消云散。

陈嘉琦新买了一双漂亮的高跟鞋，清晨穿着新鞋子去上班，路上却被人踩了一脚。看着新鞋子留下了难看的污迹，还有些变形，陈嘉琦怒火中烧。她就和踩着她的人大吵一架，于是，大清早的两个人都生了一肚子气。

后来，再遇到这种事情，陈嘉琦虽然心疼，但还是不介意地笑笑，幽默地说上一句："是不是我的鞋子太好看了？"有一次，她竟然因此结识了一个朋友，对方说："我从你的表现中看到了你的涵养和气度，所以希望能和你这样的人做朋友。"

声嘶力竭不仅不能挽回你的自尊，反而彻底破坏了你的形象，让你在别人心目中的气质修养全无。而忍耐与宽容却能让女人散发出成熟的韵味。所以，用淡然幽默来面对，更能获得好的心情。或许你的轻松一笑，也能让一个人怦然心动呢！

为了维护自己的形象，女人应该学会控制自己，要知道有些时候就因为你的坏脾气和计较让你失去了自尊和优雅。给那些不友好的人善意的微笑，既能让自己保持一个冷静的心态，又能让对方感到你强大的内心。

幸福不是外在的条件能够决定的，它需要我们能掌控自己的情绪。人生不如意十有八九，倒不如积极乐观地面对，既让烦恼自动消失，还能赢得一个豁达的口碑。

俗话说"人无千日好，花无百日红"，人的心情就像这天气一样变幻莫测，心情好时春光明媚、鸟语花香，心情坏时风雨雷电、尘土飞扬。生活本多味才称得上精彩，所谓苦过方知甜。有悲方有喜，人生有成功后的喜悦，也有满足后的无聊；有失败后的沮丧，也有锲而不舍的追求。

古人把人的情绪全都用诗词表现出来，有"朱门酒肉臭，路有冻死骨"的愤怒，有"春风得意马蹄疾"的酣畅。无论是哀哀戚戚的李清照，还是金戈铁马的辛弃疾，留给我们的不只是美丽的文字，更是对人生状态的感悟，悲欢离合、喜怒哀乐，不是要你愤恨地去怒斥，也不是要你委曲求全，既然无能为力，不如坦然处之。

所以，不必为一时的情绪所左右，花谢花会开，燕去燕会来。倒不如莞尔一笑，千愁万绪也就随之而散。

2. 患得患失终不会换来幸福

没有好工作，心情烦躁，整天机械地工作；有了好工作，又提心吊胆，生怕一个小失足成千古恨。没有爱情，整天苦恼、羡慕、忌妒，看到心仪的男人，做梦都想要他多看你一眼；得到爱情，却每天害怕他会离去，宁愿天天监视或黏着他，也不放松……

我们每天徘徊在得与失之间，忧忧自扰，得不到的不甘心，得到的不放心。除了满心忧虑，就剩斤斤计较，事事算计。

陈潇怡在一家上市公司当销售部经理，因为马上要进行总部审核，这是攸关自己能否升迁的关键时刻，既开心又担忧。从那天起，她开始注意怎么做到查漏补缺，不被发现一点破绽，同时也变得极其严格，只要手下犯一点点错，都会对其严厉批评，脾气变得越来越大，甚至让同事们加班加点。她总提醒自己，一定不能错过这次升迁的机会。

等审核结束后，陈潇怡由于过度紧张，累得精疲力竭。当她以为终于可以轻松片刻的时候，总经理的秘书叫她去总经理办公室。陈潇怡心里开始七上八下的，但一想自己什么纰漏都没有，肯定是嘉奖，心里踏实了很多。可是，当她刚跨进办公室的门槛，一摞文件就拍在了她身上。陈潇怡不知所措，惊讶地看着总经理。

"陈经理，你就是这么带领手下，尽职尽责的？"总经理怒火中烧地怒视着陈潇怡。陈潇怡拿起地上的文件看了下，这才知道自己闯了天大的祸。自她管理销售部以来，原来有如此多的纰漏都没有被发现，平时手下都会完好地将过失补救，而这次却全都放在了审核文件上。

"从明天起，你不用再来公司上班了……"

陈潇怡落寞地走出总经理办公室，刚才还在为能升迁而偷着乐，现在却被辞退，多大的讽刺啊！从此陈潇怡天天去酒吧喝酒，每次都弄得一身酒气地回到住所，陪她一起住的女孩天天劝她别太计较得失，然而她始终看不开，明明到嘴的鸭子，却不翼而飞了。最可悲的是自己还落得如此下场，拼了这么多年，现在也不过是一家小公司的小职员……

得失让人或喜、或悲、或惊、或忧、或惧，一旦欲望难以实现，一旦所想难以成功，一旦希望落空成了幻影，就会失落、失意乃至失志。

因得失或喜或悲的女人，生活得并不自在。整天置身"熙熙攘攘为名利，时时刻刻忙算计"中，到头来"算来算去算自己"。像陈潇怡那样成为在欲望与失望之间摇晃的钟摆，永远没有真正满足、真正幸福的一天。

看到他的第一眼，棠瑶就爱上了他的洒脱与放荡不羁。可是那时候的他有心仪的女孩，但这并没有让棠瑶退缩。她认为只要他没有结婚，她就有机会让他注意自己。于是棠瑶经常出现在那个男人的视线范围内，偶尔制造些小意外让彼此更接近。随着慢慢地接触，这个男人也开始注意她，后来棠瑶还故意向他女朋友要好的同事说一些她与他之间的事情，故意为他们之间制造矛盾。果然，他们之间的矛盾变得越加激烈，棠瑶假装向那个男人表示歉意，声称很自责，但却始终不离开他半步。后来终于盼到他们分手了，棠瑶乘虚而入，成功俘获了那个男人。但同时棠瑶更害怕失去他，害怕他发现自己的小手段，所以每天费尽心思地对他好，渴望让他爱自己爱到无法自拔，就连做梦都梦到过他恨恨地离她而去。

那个男人对棠瑶也很好，认为她的确是个很善解人意的女人。然而好景不长，那个男人终究还是听到一些棠瑶过去的行为，知道多半是她从中作梗才导致他和前女友分手。他从心底痛恨这个自私自利的女人，痛恨她的不择手段。狠狠地扇了她一巴掌，便去找那个他还深爱着的女人去了。

即便这样，棠瑶依然爱着那个男人，她不能失去这个第一次让她出卖尊严、出卖灵魂争来的爱情，她不甘心就这样让他离去。

千辛万苦算计来的爱情，最终成为泡影，棠瑶为了得到而不择手段，却又为失去不肯放手。这样的爱情怎么会是幸福的？

其实，生活中的很多东西，不是我们以人力就可以得到、可以改变的，比如机遇、容貌、感情等。但凡一个聪明、心态淡定的女人，不会执着于那些自己不能把握的东西，而是努力让自己能够做到尽善尽美，让幸福从云淡风轻的喜悦中腾升出来。

3. 用宽容化解仇恨

生活中，我们或多或少都会遇到一些不如意的事情。例如，因为同事的诽谤，让老板失去了对你的信任；好友的出卖，让你在那个朋友圈子里再无立足之地；熟人的耍弄，让你像小丑一样被人耻笑；一次他人制造的意外，让你永远失去了最亲的人……

我们不是上帝，或许无法做到博爱，但是面对这些恩怨仇恨的根源，我们可以学会宽容。

仇恨是一把害人害己的双刃剑，当你在报复别人的同时，也是在伤害着自己。只要心里一天装着仇恨，你这一天都会过得痛苦不幸。所以，千万不要将仇恨的种子埋于心中，让它扎根发芽。

任可娟的两个孩子，都在同一所小学读书。她非常爱他们，无微不至地给予照顾和细心教育。有时候当他们和其他的孩子发生争执的时候，她不会埋怨，总是会问他们："你们想要朋友和他一起玩耍，还是想要敌人跟他恶战到底？"两个孩子总是异口同声地说想要跟他们一起玩，然后任可娟就会告诉他们："想要他们成为你们的朋友，就去原谅他们的过错。"然而她的小儿子嘟着嘴说："他把妈妈刚给我买的文具盒砸烂了，我讨厌他。"任可娟摸摸孩子的头，说："文具盒坏了可以再买，可是如果你因此而埋怨他，你将失去一个可能会成为你最好朋友的机会。回想一下过去你们在一起玩的时候是多么开心，你还会埋怨吗？"两个孩子摸摸头，似乎也不是太明白，但还是笑着说："妈妈，我们知道该怎么做了。"

原本这样一个和睦的家庭，却因为一场意外让这位母亲同时失去了两个孩子：一场车祸，两个手拉手的孩子同时离开了这个世界。任可娟险些崩溃，可当肇事者带着家人向这位母亲鞠躬悔过的时候，她却没有半句怨言，她只说，他们太可爱了，所以老天要他们去当了天上最美、最亮的星星。那个肇事者被这个伟大的母亲感动了，从此她和她的丈夫一直照顾任可娟，无论春夏秋冬，都会带着自己的两个孩子来看望他们的干妈、干爸。

当我们遇到这些变故，或许做不到像这位母亲一样伟大，但这并不能成为报复别人的理由。受到伤害，伤心、难过甚至痛不欲生，是在所难免。就算无法忘记这些恩怨，也不能让它成为心底的结。我们或许没有海纳百川一样的胸怀，但是可以有小我的包容，让自己的心再次归于平淡，无论如何痛彻心扉或报复他人，那些失去的也不再回来。再造就他人的痛苦，这不是善良的你应该做的。

拥有宽容之心的女人，能够坦然面对他人的过错，笑看得失，也只有这样才不会深陷苦恼的纠葛，才会发现今天的阳光依旧暖人心扉。

4. 越诉苦越苦，越抱怨越怨

在日常生活中，我们或多或少会遇到这样一种人：他们不断地向身边的人诉说自己的困难遭遇，只会整天抱怨，絮絮叨叨，看什么事都不顺眼，不是抱怨这个就是抱怨那个。如果是你遇到了一位不断向你倾诉不幸遭遇的人，你会怎么想呢？或许你会在心里说：这个人好烦！

一个从容优雅的女人会克制住自己，她不会把自己的困难和不幸像发传单一样地告诉他人。即使再怎么困难，再怎么难熬，她会选择耐心等待。

欣怡和先生是大学同学，后来因为先生事业有成，她便安心在家做全职太太，相夫教子。两年前遇到先生婚外情，一直到如今，她都很冷静，不吵不闹，仍然很坚定地做自己。

欣怡在朋友那里也并不总是提起她的不幸遭遇。她觉得，如果她找朋友的目的仅仅是说那些不愉快的事情，那自己太自私了。事实上，她只对她们说快乐的事，也因此她真的一天天走出了婚姻不幸的阴影。朋友们都钦佩她坚定的内心。

后来，欣怡静下心来反思自己，觉得她在婚姻中迷失了自己。于是，她决心去找寻自己。欣怡开始准备外语考试，计划到国外学习，继续年轻时候未完成的梦想。

抱怨是最无意义的思想举动。不管是针对人还是针对恶劣的生活环境，抱怨只会让我们的情绪越来越糟糕，甚至不受控制做出一些无礼行为。例如丈夫收入低，无法满足你的购物欲望，你长久地抱怨只会让他对你反感，甚至让他认定自己就是这样胸无大志、一辈子庸庸碌碌的人。的确，生活中是有太多的烦心事情，天气阴晴不定，父母年迈体衰、病痛缠身，孩子调皮捣蛋不听话……但这些都不能成为你抱怨的理由。

古语有云："乾天也，故称父；坤地也，故称母。"坤指的是大地，而女人本属坤，则女人就应该具备像土地一样宽阔沉稳的特质。不断地抱怨、唠叨对生活的不满，只会让你肤浅无知，还会影响倾诉对象的心情。

当我们遇到一些苦难或不满时，偶尔向人倾诉、倒倒苦水也是一项排解内心压抑的好方法。但是，如果做不到适可而止，无论抓到谁都来一番无节制的抱怨，这不但不能解决问题，还会制造出一些其他的问题。例如你逢人便说自己如何地不幸福，只会让他人反感，甚至身边的朋友看到你就立刻远离。要知道，没有人会无偿地为你的不良情绪买单，反而让他人低估你的处世能力以及怀疑你是否心理健康。

董慧老是抱怨自己的老公，他们结婚十年，她也抱怨了十年。人前，他们还是一对融洽的夫妻，社团里办任何活动，两人也都夫唱妇随。但老公不在的时候，她最爱倾吐婚姻的苦水。任何小事都可以变成董慧抱怨的目标，比如，丈夫在她发烧感冒时完全不体贴，没有一点关心的感觉。

一讲起多年的"不幸婚姻"，她至少可以抱怨一个多小时。后来，只要董慧一开始类似的话语，朋友们都很有默契地想找方法遁逃。

其实董慧的老公性格豁达有礼，事业有成也很顾家，是个不错的男人，并不像董慧抱怨的那样。试想想，如果董慧老公知道了这些抱怨，该有多伤心呢？

当你有了不如意，要记得，一个优雅自如的女人，是不会到处诉说的，你要做的就是停止你的诉说。当你发现你开始抱怨的时候，在心里照着以下的步骤来做吧。首先，当意识到你在诉说你的困境或作无谓的抱怨时，马上停止自己的抱怨。接下来，想想你为什么要抱怨，你所遇到的这件事是你可以改正的吗？如果可以，那就开始改正它吧。如果你无能为力，那为它懊恼和生气也是白费力气。

学会以平常心对待生活中的不如意，做一个内心温暖健康的女人吧。无论你是个妻子还是母亲，无论在家里还是在朋友、同事之间，一个内心坚韧、不抱怨的女人是一棵绿化树，时常能释放出爱的光芒。

5. 舒展你的眉头，没什么大不了

当自己心爱的一件首饰坏掉了，你会痛心疾首；当自己含辛茹苦养大的宠物死去了，你会伤心流泪；当感情破裂了，你会撕心裂肺；当工作失利了，你会愁眉苦脸；当走路时不小心被踩了一脚，你会眼含幽怨；当所有不顺心的事情发生了，你的眉头就像拧皱的麻绳。愁到眉梢，愁更愁。

想必，大家应该记得这样一段广告词"没什么大不了，我有我'奥妙'"，对，这是奥妙洗衣粉的广告。但面对生活中的"污垢"我们同样可以对自己大声说没什么大不了，因为你有你奥妙。

妙筠莹是个可爱的乐天派女人，这样的性格还多亏了一个书上的人物马小跳。从上学的时候她就喜欢看马小跳，到现在都是已婚女人了，她却依然对马小跳情有独钟。

"马小跳"这个名字几乎是她生活的一部分。跟着马小跳，不跳也会笑。每当她烦恼时，只要翻一翻马小跳，看到那天真调皮的样儿，她所有的烦恼也都抛到九霄云外去了。

每当因为生活中出现了一些小纠葛的时候，她都会想起马小跳那无拘无束的笑容，她曾渴望拥有马小跳一样的生活。每当她失意的时候，仿佛会听到马小跳在说："没什么大不了，舒展眉头，照样开开心心迎接明天。"

或许没有多少人会像妙筠莹一样那么乐观，但仔细回想一下过去的那些不快，不是照样过去了吗？生活本就是由一些小事积累起来的，既然你还是完好无损地站在那里，那就是你的资本啊！

张紫姗是个可爱、青春的女孩子，她从小便受到家人的疼爱和朋友的喜欢。可不幸的是8岁那年因为一次攀爬高压电缆被电击，她从此失去了两条手臂。那时候，她还是个孩子，每天忍受着剧痛带给她的折磨，这让她忘记了自己失去的是多么宝贵的东西，然而等手臂上的伤口愈合，等她慢慢长大，等她步入学校，她才知道，她失去的对她有多重要。她每天躲在被子里偷偷地哭，每天面对同学和他人异样的目光，每天只能靠双脚维持平衡。每天都要狠狠地摆着腿和脚学洗脸、吃饭、穿衣服……脚跟的筋被拉得生疼，不灵活的脚趾上满是伤痕。

一次，她妈妈听到她的哭声，心疼地将她抱在怀里，对她说："孩子，你不比任何人缺什么，你还有双脚，一样可以做到他们能做到的任何事情。"张紫姗听了她妈妈的话，她相信她妈妈不会骗她，所以她不再在意别人怎么看她，她开始用自己的双脚学去做任何事情。

她学会了用双脚拿筷子，虽然满是泡；她学会了用双脚去一页一页地翻书，虽然磨得血红；她还学会了骑自行车，虽然她的双肩搁在手把上，硌得生疼。但她却很快乐。

进入中学，她去了外地上学，要住宿。大家似乎很喜欢这个失去双手、满脸自信笑容的女孩子，所以也从来没有嘲笑歧视过她。尤其是当她把双脚放在桌子上或者电脑键盘上的时候，大家都会露出欣慰的笑容。

后来，她的班主任将她介绍给了残疾人运动协会，让她去学习跳水，因为她身体各方面都很不错，就被留下了。从此她开始了自己漫长而又艰苦的训练。有多少次她因为溺水而差点丢掉性命，有多少次硬硬的石板将她的双肩磨破，但她一直笑着，直到她成为一名出色的跳水运动员。有时候大家会忍不住问她，没有了手臂和手，真的可以吗？她总是笑着说："没什么大不了的啊，我这不是生活得很自在吗？"

比起张紫姗，我们生活中所面临的得与失、成与败，还有多少可以值得锁上眉头的？

生活琐事一笑了之，事业失败跌倒了再爬起来，感情遇挫折如果不合适就去寻找真正的爱，既然你还完好无损地站在那里，这就是你最好的资本，想一想，这一切有什么大不了的。

将深锁的眉头舒展开来，想象一下自己就是一条鱼，感受大海的清凉，看那穿梭的鱼群，看那五彩斑斓的珊瑚，多么诱人啊。累了爬上岸，发现居然到了冰的世界，岑白的雪花，渗透着你的肌肤，清凉无限。突然好冷，你不由得昏睡了过去，醒来以后竟然躺在柔软的草地上，阳光温暖地照耀着你，与一只可爱的小狗在嬉戏。原来，放开了，生活会是如此美好。

6. 生气只会破坏你的形象

当你打理装扮好一切，准备出门的时候，一阵大风刮过，头发乱了，衣服上满是尘土，你恨不能诅咒这该死的天气；当因为意见不合与他人争执时，你的嗓门一定要压倒对方，才会让对方知道你是不容被人欺负的；当你悠悠漫步欣赏周围的风景时，一辆车过，将地上的污泥溅到了你身上，你指着他的车尾破口大骂……

不错，心里的气发泄出去的确很痛快，可是你的头发还是很凌乱，你的争执对象气愤地转身离去也没有采纳你的意见……当粗俗、毫无修养的形象暴露在天空下，扎根在他人心里时，从前守在你身边的人也会渐渐远去。

杜小慧正在和她的男朋友在一家快餐店吃饭,这时候对面又坐了两个女孩子,点的可乐。杜小慧和自己的男朋友聊天聊得正起劲,突然感觉腿上一凉,猛地站起身来,发现是可乐洒在了衣服上,杜小慧愤怒地看着对面的两个女孩。对方赶紧起身对她道歉,拿餐巾给她擦,杜小慧狠狠地将她推开,指着那女孩鼻子嚷道:"你干什么吃的,把我衣服弄脏了,这可是名牌,你赔得起吗?"那女孩自知理亏,便和她的朋友不停地道歉。但是杜小慧越是看衣服上大片的污渍越是生气,更重要的是她男朋友还在,丢死人了。

因此,杜小慧不依不饶地对她们又嚷又叫,餐厅里所有的客人都在向这边张望,都用异样的眼神盯着言行粗俗的杜小慧,她的男朋友觉得有些尴尬便劝她算了。这可好,杜小慧更觉得委屈了。居然当众骂了那两个女孩子。餐厅的服务员走过来劝解,最终杜小慧愤恨地离开了餐厅,脱下上身的外套绑在了腰上遮挡污渍。然而她的男朋友跟在她身后,却是满面通红。杜小慧扭头笑着去挽他的手,却被他巧妙地躲开了。

再漂亮的女人,也会因为不顾形象的张牙舞爪而让男人望而却步。当你感觉是在为了维持自己的自尊的时候,你的形象也会荡然无存。

江灵玉紧赶慢赶终于赶上最后一趟去公司的班车,却因为昨夜失眠而在车上睡着。结果车猛地一颠簸,她将头整个扎进了旁边男人正吃着的盒饭里,弄得一头的饭菜渣滓。本来她想息事宁人,结果却听到周围人的嘲笑声,顿时压不住火。

"请注意一下自己的言行。"江灵玉冷喝道。

这话一出,有人也跟着火了,一个女人扯着嗓子说:"如果没人做出如此可笑的事情,我倒懒得笑。"

两个女人你一句我一句,简直势同水火,谁也不让谁。其他人看着马上要打起来了,赶紧劝阻,这才压下。

等班车到了公司,所有人都下车了,这两个人还互相瞪视了一会儿才各自走开。

今天可是公司和一个大客户签约的日子，她这个企划部经理也是要出席的。所以她赶紧去收拾了一下仪表。等到所有人齐聚签约会场，当那个大客户笑容可掬地站在他们老总身旁，却说："今天，我过来时乘坐的是贵公司的班车，却不想看到了一场很特别的演出，我想可能是有人透露了我的消息，才会用这么逼真而精彩的表演来欢迎我的到来。或许是看得太专注，有点累了，所以请原谅我先去休息。"

听完这位客户的话，众人一片哗然，江灵玉更是呆若木鸡，这时他们的老总笑着说："我这群调皮的孩子，怕是又要陪他们看看喜羊羊的精神了。"全场顿时一片哄笑。就连那位客户也是变得笑容满面，最终还是和本公司签订了合约。

江灵玉很清楚是她闯的祸，差点害公司丢失这个大客户，然而已经准备好被革职的她却始终没收到上司的传唤。后来同事告诉她："经历这次的事情，老总说你会得到成长。"

身为公司职员，一个人的形象便是整个公司的形象。你的一言一行除了显示出你是否是一个有涵养、有道德的人之外，更是证明这个公司是否有自己的气场，是否有足够的信誉度。如果因为一点不值得的小矛盾而毁坏了你的形象，更破坏了公司的声誉，那么没有哪个公司会留一个败坏声誉的员工。

生气而不可抑制地发泄，并不能就此改变眼前既定的事实，反而会愈演愈糟。而聪明、懂得维持幸福的女人，则会淡然一笑，化愤怒为友善，让她看上去成熟稳重。就算对方的确做得很过分，让你无法原谅，简单地笑一笑，也能化干戈为玉帛，免去彼此的尴尬。要知道，从容不迫的女人让男人迷恋，成熟稳重的女职员让公司信任。

7. 明天还未到来，急什么

有一部名叫《世界末日》的片子，不管有没有看过都可以想象一下：如果明天就是末日了，该怎么办，该做些什么？一些家庭主妇，每天都周旋在一日三餐以及家务上，今天的还没有准备好，便开始思索明天吃什么，应该准备些什么，什么时候出门，上午还是下午或者几点，甚至花几个钟头的时间将一周的食物列一个表格准备下来。

其实算算，今天我们还没有好好享受，就开始火急火燎地为明天筹办一切，这就好比明天要吃的食物非要今天全部吃到肚子里，最后撑垮了胃。

一位智者说过："生，非我所求；死，非我所愿；但生死之间的岁月，却为我所用。"我们不应该只感叹往事如烟、时光飞逝，不能整天生活在对明天的期盼中。

依娜火急火燎地来找梦妹，看到她坐在自家院子里修剪花枝，便要拉着她去她家。因为明天就是约定好的13年未见的同学聚会，她想让梦妹帮着去看看穿哪件衣服，或者做什么装扮去显着好看。梦妹被依娜拽得左摇右晃，无奈地让她先坐下来。

依娜以为梦妹肯定告诉她怎么打扮才好，结果她还是在修剪那盆花，依娜不依不饶地开始吵吵起来。梦妹给她倒了杯水，笑呵呵地说："娜子，明天才聚会呢，你急什么？"

依娜问："你就不着急？"

梦妹笑道："我为什么要急啊！这不是挺好的嘛，该上班上班，休息了养养花、看看书。我喜欢这样开开心心地过好每一天，要知道，不是每个人都会看到今早的太阳，而我却看到了，所以很庆幸，更不能浪费这一分一秒啊！你看你，为了明天，折腾得自己好几天没有睡好吧！皮肤暗淡了好多，好啦，别为明天的聚会着急了。"

依娜惊奇地说："我知道梦姝你为什么看上去总是这么年轻了，皮肤保养得这么好，原来这就是你常常说的要享受生活的美好其中的一种。"

梦姝含笑地点点头，依娜也不再着急地去准备，而是陪着梦姝一起修剪那盆含苞待放的野菊。

幸福的女人就要像柔美的花，从容地享受每一天阳光雨露的滋补。这样，才会拥有最美丽的绽放。

明天是虚幻的梦，唯有今天、唯有现在才是真实。"一日不过，何以过人生？"任何一个有意义的人生都是源于过好每一天。唯有慢慢积累时时刻刻的美好，你才有能够回忆的种种。

崔雅芝回老家看望年迈的奶奶，这个从小便很疼她的老人，此刻显得更加沧桑。奶奶握住崔雅芝的手，一遍又一遍地揉搓，眼神中含着说不出的思念。直到傍晚，奶奶盯着天上的星星说："孩子啊！你出去这么多年，外面的世界美吗？"

崔雅芝说："奶奶，外面没有咱老家绿水青山这么美，但是很繁华。"

奶奶笑着说："别看奶奶没怎么读过书，没见过什么世面，但奶奶想告诉你，好好地活着，好好地过好每一天。奶奶老了，现在每天除了回忆过去，就是看着屋后的一亩田地，可是想啊想的，奶奶居然没有多少往事是值得回忆的，除了每天忙里忙外操劳，就是愁眉苦脸的！现在老了，剩下的日子越来越少，才知道该珍惜的不是明天，而是现在，能过好现在，开开心心的，我就知足了。明天还能不能睁开眼睛都不知道。虽然晚了些，但是，还好，现在还活着。"

崔雅芝泪流满面地看着星空，她多想抱着奶奶哭一场啊！这个教育了她大半辈子的老人，给了她太多人生的幸福启迪。

陶渊明写过一首诗：智者乐山山如画，仁者乐水水无涯。从从容容一杯酒，平平淡淡一杯茶。因从容而平定心态，乐观地享受眼前的一切，才会发现真正的美不是单单用眼睛看，而是用心欣赏。笑看今朝花开，不思明日零落。

假如将今天看做你生命中的最后一天，你如果让今天的时光白白浪费掉，就毁掉了你人生的最后一页。当你走在今天的道路上，明天的钱财不能进入今天的钱包中；明日瓜熟，今日尝不到鲜；明天的死亡会将今天的欢乐蒙上阴影，而让今日的时光如流水般哗啦啦流逝，一去不复返，让今天与明天一样被埋葬。

时间仿若流水不可捕捉。分分秒秒，我们都应用双手牢牢捧住，用爱心呵护，因为它们如此宝贵。垂死的人用毕生的钱财都无法换得一口生气。时间是无价之宝！

幸福的女人懂得将每分每秒化为甘露，一口一口地细细品尝，满怀感激。

8. 人生得意也淡然

古人常说人生有四大值得得意的幸事：久旱逢甘雨，他乡遇故知，洞房花烛夜，金榜题名时。确实，我们的人生有很多得意的时候，比如拥有高挑的身材、迷人的容貌，有一份高薪的工作，有一副动人的歌喉，有一项旁人不及的艺术，有一个成熟稳重、事业有成的丈夫……这些，都是可以让你得意万分的事物。强烈的满足感与固有的优越感，让你成为一个幸福满满的女人，但也让你的心跟着浮动起来。

曾几何时为了一些小小的荣耀，让一些女人狂奔与放逐，得到了满足，得意一时却让心底的欲望越加强烈。任何一次掌声与喝彩，都成为你值得炫耀的资本。渐渐地，你开始觉得自己是那么重要，重到觉得别人失去了你，就等于没有了主心骨，没有了依托，没有了翻身之日。

在一次大型书画展览中，芳泽意外地得了一个小奖。她心里乐滋滋的："这可是国家级的奖项啊。有多少人参赛都纷纷落马了，可自己却得到了，这相当光荣啊！"

得了奖之后，芳泽当然是喜不自禁，喜形于色。那几天她走路都是哼着小曲，脚下轻飘飘的。于是就和老公商量："咱也获奖了，要不就叫几个朋友聚聚？"

老公沉思了一会儿，说："你能够获奖咱当然高兴，我脸上也有光彩。咱叫几个朋友聚聚，我也不反对。我也不是怕花钱，可是你想过没有，咱让人家聚聚的目的是什么？无非是向人家证明，咱的书法获奖了，咱有实力，这样，咱不是有些显摆了吗？咱不是显得有些张扬了吗？"

老公的一席话，像一盆冷水，当头浇下来。芳泽膨胀的头脑立刻清醒了："是啊，自己现在的想法和做法不就是显得有点张扬了吗？"芳泽拍着脑瓜，觉得十分惭愧。

有了小突破、小成就，是值得欣喜的。但若是因这些而扬扬自得，想要弄得满城皆知，即便是无心，也会遭到他人的反感。

当名利当头，我们都会控制不住地想要张扬出去，希望得到更多的赞赏，希望得到别人羡慕的眼光。古诗有云："人生得意须尽欢，莫使金樽空对月。"一个人开心怎么可以没有旁人一起分享，被众星捧月是一件多么值得骄傲的事情，但你的行为只能被他人视作得意忘形。

为人处世最基本而又最实际的人生哲学是得意莫忘形，人生得意之时，我们是否应该冷静思考、淡然面对呢？

露雪青春漂亮，终于遂愿嫁了一个事业有成的人。她开上了宝马，住上了别墅，浑身上下更全是名牌，戴在她玉白手指上的那枚价值不菲的硕大钻戒也非常引人注目。为此，露雪时常会在公众场合故作无意地显摆。每当看到别人艳慕的眼光，她就非常得意和开心。

一次，露雪在收银台结账时故意把戴戒指的左手伸了出来，还举得老高。身旁有几个人便将目光聚焦在了她的手上。这一看，众人都惊叹道："哇！你看那戒指！""真漂亮！""这很贵吧？"正在露雪得意时，旁边一个胖女人也抬起了左手。众人一看，嗬！那胖女人手上的戒指比露雪的更大、更漂亮。露雪被比了下去，落荒而逃。

回到家中，露雪又哭又闹，缠着老公到城内最大的一家珠宝行去买一枚比原来的那枚重一半的钻戒。可是由于遭遇经济危机，丈夫的公司最近周转出现问题，就许诺过段时间再给她买。露雪却不依不饶，整天和丈夫闹腾。结果丈夫烦了，和她翻了脸，家也很少回了。

试想，一个得意张狂的人，往往不再谦虚，甚至失去了优雅和教养，也失去了危机意识，不再修炼自己，慢慢退步起来。试想，一个光华内敛、宁静自持的女子，和一个张狂轻浮、得意洋洋的女子，孰美孰丑，你会喜欢哪一个呢？

过去的荣耀只能代表过去某个时段的你。我们要为将来的美好而生活，而不是在过去的荣耀上睡觉。为了创造出你未来人生的美好，需要随时忘记你正在拥有或曾经拥有过的荣光，不管是你拥有的财富或者美貌，拥有的成就和荣誉，还是你具备的资历和积累的经历。

一个智慧的女人在拥有很多常人羡慕的东西的时候，还能够保持清醒的头脑，不趾高气扬。一个淡然的女人懂得在得意的时候，以平常心看待，"得意淡然，喜而不狂"，在生活中仍旧对自己的工作和家庭尽心尽力。

9. 修炼高雅的气质，首先要有一颗心平气和的心

歌德曾经说过这样一句话："外貌只能炫耀一时，真美方能百世不殒。"

或许有些女人会疑惑，自己有美丽的外表，平时也很注重修养，这不就是真美吗，还需怎么美？其实歌德所称颂的真美的女人我们也时常看到：当一个女人貌不惊人，语不压众，却给你一种如沐春风，仿若一股品质如兰的缕缕幽香由内而外悄然流溢。这样的女人就是真正美丽的女人，而这种美就是来源于她们内在的高雅气质。

内心丰盈的女人，言谈举止中都透着一种亲切，让人不由自主地想要与之亲近。而这样的女人都有一个共同点，她们的内心如一片湖，平静无波。

梦兰是一个很简单的女人，每天都带着虔诚的微笑面对生活中的种种：同事背地里说她做作、虚假，她全当耳边风，不予计较；经理让她赶工，加班加点，她也毫无怨言，尽全力去完成；公交车上有人无意踩到了她的脚，她会一笑置之；男友背叛了她，她平静地要求分手，在朋友面前从不诉苦，也不控诉男友的不是。

梦兰内心平和而坦然，对生活没有任何奢求，她觉得这样平静的生活让她很快乐，可以通透地享受生活中美好的一面，而这样的梦兰在他人眼中是舒适、高雅的。

当我们平心静气来观察周围的一切，原来最令人讨厌的尘埃也是如此美好，正是有了它的存在，才会折射出光，让我们看到这个美丽的世界。

平和，是对心灵的一种释放，没有负担，不会躁动。它将一个女人衬托得如出水芙蓉。

外表漂亮并非真美，平凡也能造就高贵。靠服饰装扮包裹的女人，即便外表迷人，而内在却不高雅，亦是不能称作有气质。

迷人的气质是由内而外，它就像是月光下的湖水，是静静绽放的百合，安静而迷人。

我们经常会有这样的尴尬时刻：当自己站在陌生人的面前时，站也不是，坐也不是，浑身不自在，始终不敢看对方的眼睛，甚至想要逃离。这便是内心不安、紧张的流露。女人要幸福，就应练就一颗平和的心态，宠辱不惊，遇事不焦，这样才会让他人感觉你是如此地成熟、有韵味，还有一丝丝神秘感。

第二章

学会让自己满足：
幸福其实就是一种"幸"感

其实，所谓的"幸福"无非两个字，只要你能感受到"幸"感，福气自然就来临了。生活中，很多女人之所以感受不到幸福，是因为她们总觉得自己是不幸运的：自己嫁得不够好，老公不够体贴，孩子不够听话，上司不够体谅自己，朋友不能理解自己……这些琐碎的在乎和担忧，足以吞噬掉该属于女人的快乐时光。对此，毕淑敏说："你感到自己很不幸，是因为你没有遭遇到更大的不幸。请永远记住：这个世界上，除了死亡，没有什么是大事。只要你能够活着，便是幸运的。所以，从现在开始好好地珍惜并过好每一天吧，因为只有你自己才是最好的医生，其他的人都无能为力。"其实，对于女人来说，活着本身就是一种莫大的幸运，是一种美丽的幸福。当你可以活着、笑着、哭着、吃着、睡着，真真切切地感受到生命的流动，那么，对于人生，你还有什么不满的呢？

1. 幸福是内心的一种满足感

我们通常会碰到这样的情况，当一群女人坐在一起海聊的时候，会聊到工作、家庭以及感情，聊着聊着便开始公开自己的实际生活。当话题转到她们的生活多么幸福美满的时候，强烈的虚荣心开始牵制她们大肆地彼此炫耀与比较。虚荣心较强的女人没有哪个希望被比下去，也没有哪个不希望被他人羡慕和夸赞。

一位大姐，最喜欢在同事面前提她家老公的好。即使一个很平常的电话，也会在挂断电话后对同事们说："我家老公也真是的，就是不放心我，非得每天打电话嘘寒问暖，真是烦人。"这时如果有人搭话说："你看你老公对你多好，还抱怨。"这句话一出，这位大姐的话匣子就此打开了，那嘴巴一张一合的好似快嘴李翠莲，话多得如长江之水滔滔不绝。

最让人无法接受的一次，同样是从一个电话而起却追溯到若干年前谈恋爱时的每个感人细节，不打磕巴不带重复，真是语不惊人誓不休。从此很多同事害怕随便跟她搭话，当然也有人为这位大姐庆幸的，人到中年还有位老公知寒问暖，难能可贵啊！然而，后来她的一个邻居却传出，那大姐和他丈夫的感情不是很好，如果不是为了不影响即将高考的儿子，早离婚了。从此大家更加不爱理会这位虚荣心极强的大姐了。

如果幸福是需要拿出来晒的，那这样的感情如何经得起岁月风沙的腐蚀。真正的幸福是藏于心间，细细咀嚼与品味的。有时候幸福的滋味是无法用语言表达的。幸福是日常生活中的一丝不经意的或者偶尔的小插曲，那种细微的动容才是最真挚牢固的幸福。

而如今，更多的人开始在空间博客上大晒特晒自己的幸福。说是让他人分享自己的快乐，但真正能从中分得一分快乐的有几人？晒幸福无可非议，不过一些人更认为，真正的幸福是如一个温馨的眼神、一句注意安全的话那样自然平常，这样的感情何须拿来晒？

生活多姿多彩，有幸的同时也有不幸，当我们将幸福拿出来说辞一番，有没有想过当不幸来临时，如何面对他人的非议与围堵似的追问？那时候的你在经历痛苦，却又不得不将痛苦也拿出来晒，岂不是更加痛苦？

张海燕是一家时尚杂志社的编辑，她浑身上下都散发着被幸福浸透的美丽。她一个清澈的眼神，一个柔和的动作，一声轻轻的微笑，都包含着幸福的味道。张海燕所在的杂志社中有很多容貌漂亮的女人，她们每天都穿着昂贵的衣裳，肩上背着名牌的皮包，每个人的皮包内都装着一张又一张金卡。这群女人，一到自由时间就开始拿出自己最昂贵的东西，开始大声称赞，这是在哪儿买的或者谁送的或者丈夫从外国带回来的……一声声美慕和赞叹此起彼伏，紧接着就是压倒性的一个赛一个。

然而，衣着普通的张海燕却置身事外，微笑着看着她们。张海燕有个美满的家庭，丈夫又是个标准的好男人，从不让张海鲜操心劳累；她的儿子很乖、很懂事，学习成绩优秀，是位小尖子生。这样幸福的家庭几乎是每个女人的向往，然而她的同事们却都不清楚。有时候大家聊天时会问到她，她总是说她也只是个一般家庭的女子，过得普普通通的。张海燕的低调和平易近人让很多同事喜欢和她说话。

我们爱炫耀幸福，无非是为了满足自身的虚荣心，让其他人以羡慕的眼光仰视。但更多地说明了内心的空虚寂寞，通过秀出自己的幸福，依靠他人的眼光来证明自己的存在。其实想明白了，到处晒幸福不就是将自己的生活公开化，成为他人茶余饭后的谈资吗？可一旦你成为他人关注的焦点，你的幸福很可能成为他人的不幸福。你有爱你的老公，或许她还没有爱人或者她的爱人对她感情一般；你有份好工作，或许她只是个待业的人……当你成为被忌妒的对象，你的幸福已然变质。

其实，没有最好，只有更好。总有人某些地方比你强，总有人的老公比你的好，总有人家的孩子比你的孩子聪明，总有一些家庭比你还富有。若是一日幸福离你远去，你那时的夸耀便会成为他人的笑料。

将自己的幸福时时刻刻地诉说给他人听，这或许能满足你的虚荣心，让自己看上去很风光，但同时也可能会多了些纷争，毕竟，其他人也不想被别人比下去。

幸福不是冬日的暖阳，未必能驱赶每个人的寒冷。把幸福藏在心底，既不张扬也不炫耀，处处低调，既享受到快乐和幸福的生活，又不会成为人们忌妒的对象。

当我们被幸福填得满满的时候，请记住，不要在婚姻失败的朋友面前述说自己婚姻的幸福；不要在失去亲人的朋友面前讲诉亲情的温暖；不要在事业失败的朋友面前显示自己的成功……学会注重自身内心的真实感受，既然你已然满足，就不要随意地声张！因为在你感到幸福的时候，并不是每个人都生活得很幸福！

用自己的幸福换来片刻的风光，有可能会失去了一个值得深交的朋友与自身的涵养。所以，幸福无须炫耀，却需要被呵护，炫耀只能暴露自己内心实至名归的空虚与浅薄，而呵护却能让幸福更加长久。与其到处张扬幸福，不如默默珍惜，张扬只会让幸福的脚步渐渐疏远你，而发自内心地珍惜却能让你感受到幸福的真谛。

真正的幸福，是一种不需要声张的默契和信任，自有一份怡然自得的真诚可以让你安安静静地默享自己得到的开心和快乐。

2. 别为生活中的遗憾而耿耿于怀

人生一世，花开一季，谁都想此生了无遗憾，谁都想让自己做的每一件事情，做的每一个决定都是正确的。但是，这只是人生的一种幻想。人永远不可能不做错事，也不可能不走弯路。也就是说，有遗憾的人生才是真实的。为此，我们与其去哀叹错过的美丽，为不可改变的遗憾而耿耿于怀，不如留一份从容给自己。在生命的跋涉中，也许正因为留下的某些遗憾，才有机会欣赏到更多其他美妙的风景。

一位旅行者，只说有个景色绝佳的地方，于是便千里迢迢跋山涉水前去找寻。为了一览秀色，他便决定不惜一切的代价也要找到那个地方。经历了十分艰辛的跋涉后，他感到疲惫不堪，却不知道自己离目的地还有多远。

在路途中，一位智者便给他指了一条路，告诉他美丽的地方其实有很多，没必要非要沿着一条路走到头。探险者便照做了。那一条岔道上的许多异常美丽的景色让他赞不绝口，流连忘返。即便没有见到原先听说的所谓景色绝佳的地方，但是他眼前的风景却让旅行者感到满足了。

其实，人生也似一场旅行，正是错过了某些遗憾才让生命到达了更为迷人的地方。世事如云，云起时汹涌澎湃，云落时落寞舒缓。岁月会将失去的变为拥有，也会将拥有的变成遗憾。我们不必为错过和失去的而感到遗憾。也许今天的错过，正是你今后所拥有的起点，只有那些善于舍弃的人，才能够欣赏到真正的美景。生活就像一场跋涉之旅，我们的视野有限，精力有限，不可能什么都能欣赏到，尝试到。如果执着于那些错过的景色，那么就可能错过未来的更美丽的风景。

林琳和男友相爱近 4 年，但是一次车祸夺走了男友的生命，也让林琳从此陷入痛苦之中。

从那之后，林琳就将自己的感情封闭了起来，日夜思念已故的男友。在她的衣柜中有一条天蓝色的连衣裙，是男友送给她的，男友走后，林琳就经常穿着它，就好似没有真正离开过一般。尤其是裙子的前方有 3 粒水晶心形的纽扣，像征着他和她的爱情。

有一天，林琳发现裙子前方的 3 粒纽扣中的一粒丢失了，她便开始不停地责怪自己。焦急之下，她跑遍了全镇大大小小的超市、商场，还是没发现一模一样的纽扣。林琳便回到家中，把自己关在屋子中哭了一天。缺失了一粒扣子如何能穿呢？但是女孩子却舍不得放弃这件衣服。

女孩一连几天都提不起任何精神。母亲便猜到了她的心思，于是便劝她，不如舍弃了剩下的 2 颗，另外再买 3 粒新的扣子。从母亲的话中，林琳得到了启发，过去的遗憾已经成为永久的遗憾，不必让自己以后的岁月再在遗憾中度过。

不久之后，林琳终于赶走了心理的阴影，走进了属于她的新的感情世界。

人生的许多遗憾是人力所不可改变，也无法选择的。人生只售单行票，没有回头路可走，你是这样，就不可能是那样的，生活没有假如。与其为过去的遗憾而耿耿于怀，让自己痛苦不堪，不如勇敢地放下，改变心情，面对现实在自己力所能及的范围让自己活得趋于美好。

另外，女人要知道，人生的缺憾也支持我们追求美好生活的动力，更是构成生活的对比色，遗憾给我们的生活注入了更多美好的向往。所以，不要为自己的缺憾而叹气，我们每个人还有更多值得自己骄傲的亮点。就把那些缺憾当成我们的多彩的人生背景和衬托，生活会更坦然而轻松。

3. 独立，是女人幸福的保障

在古代，女子在家从父，出嫁从夫，相夫教子，便是德女。无论是在生活上，还是经济上，都要依赖他人。在过去那个男权当道的时期，出嫁受父母之命，待夫不可随意外出走动，读书更是不能……那时女子想要独立，摆脱所有的束缚是不被人称道和接受的，甚至会受到谴责。

而现在，时代飞速发展，女人也撑起了半边天，取得了完全独立的地位。无论是在感情、人格、经济上都实现了真正的独立。你可以大步流星地在街上走，可以嫁给自己心仪的男人，可以凭借自己的智慧创造自己的财富。这才是一个女人真正幸福的开始。

对当下的我们来说，保持经济上的独立，无论是感情还是人格上都会实现真正的独立。将钱财掌握在自己的手中，不再依附于男人，任意地展示自我的空间，掌控所有的资本，让女人胸有成竹。

杨灿与她的丈夫合开了一家小公司，本来两个人幸幸福福的，相当甜蜜。但不幸的是，有一些女人盯上了她的丈夫，而她的丈夫却也不加收敛，跟那些女人来往。杨灿是个很有主见的人，她曾想到过，如果发生一些意料之外的事情，自己何去何从。因此，她挪用了一部分资金，在丈夫不知道的情况下，以自己的名义新注册了一家小公司，除了一些大事情外，剩下的都由她的助理去打理。

虽然她那样想过，但却依然渴望能够挽回丈夫的心，只是她的丈夫太过沉迷其中已经无法自拔。后来她的丈夫果然为了另一个女人跟她提出了离婚，杨灿也不再对他有任何留恋，毅然地离开了。

离婚后的杨灿有自己的公司，而且生意还非常不错。

不管是已婚还是未婚，女人都应该保持经济的独立，没有什么东西是永恒不变的。若有一天，男人的金钱不再给你支配，你又该如何去面对生活呢？不管是成家还是单身，有了独立的经济来源，都会使自己轻松快活、扬眉吐气的。

有了经济做支撑，女人才能从各种牵绊中脱离出来，走到社会上，同男人一样竞争。即使没有爱情的滋润，她们也不会如断线的风筝般飘荡在无垠的空旷里。有了经济上的支持，物质富足，自然使女人考虑精神上的财富。

我们应该大胆地迈出去，找准自己的定位，拥有自己的生活方式。不要为不爱自己的男人哭泣，更不要为了一句承诺而丢失自己的年华等候一生。要相信自己，不事事依赖男人，我们照样可以活得精彩。与其把希望寄托在别人身上，不如拥有坚实的经济基础。

女人经济独立，在减轻了家庭开销的同时，还提高了生活水平。不仅赢得了各种权利，更是在经济上和家庭生活上不再受制于任何人。女人经济独立，是幸福婚姻的保障，是快乐生活的保障。

4. 尽情享受当下的幸福

什么是幸福？当我们来到这个世界，睁开的第一眼便是幸福。幸福是当你听到一个风趣的笑话，开怀大笑的时候；幸福是你做好每一顿饭菜，等待他人品尝的时候；幸福是你坐在院落中，手捧一本书在阳光下静静地阅读的时候；幸福是你穿着新买的服饰，在大街上昂首阔步的时候……幸福就是真的很享受现在所拥有的点点滴滴。

幸福就在你身边，唾手可得；幸福就在你眼前，一览无余。当你开始学会珍惜现在、享受现在的时候，幸福无处不在。

从前，有一个富人和一个穷人谈论什么是幸福。富人望着穷人破旧的茅舍和朴素的穿着，轻蔑地说："你这怎么能叫幸福？我有百间豪宅、千名奴仆、万两黄金，那才叫幸福呢！"后来，意外的一场大火把富人的豪宅烧得片瓦不留，在他常年压榨下而痛恨他的奴仆们也各奔东西。一夜间，富人沦为乞丐。

一年的夏天，烈日炎炎，汗流浃背的乞丐路过穷人那破旧的茅舍，穷人端着一大碗凉水，问他："你现在认为什么是幸福？"乞丐说："幸福就是此时你手中的这碗水。"

唯有享受现在，才会体会到各种隐含的幸福，才是一种最真实的幸福。无论是贪恋豪华富贵的生活，或是埋怨现在的贫困潦倒，只会蒙蔽你的眼睛，丢失你该眷恋的。

幸福是生活的最终追求，当你走路时踢起前面一颗小石子，一边走一边踢，你那孩子般的纯真笑容就是此刻幸福的诠释。当面对他人不小心的伤害，你却依然心平气和，对之莞尔一笑的时候，这就是此时幸福的美好。

幸福无界限，无处不在，无时不在，很多时候，我们感觉不到幸福，并不是因为世上缺少幸福，而是我们缺少一双发现幸福的眼睛，缺少一颗体会幸福的心。

当你觉得你很喜欢此刻做的事情，很享受此刻内心的感觉，这就是幸福。人生是一趟较长远的旅程，沿途的风景或荒凉或怡人，你被深深吸引，这就是幸福。

幸福是快乐，是愉悦，是一种不可言表的美妙感觉。幸福是平淡低调的享受，幸福是身陷福中深知福。

李笑微下班后，火急火燎地往家赶，生怕时间晚了，又做饭、又洗衣服地忙到大半夜才能睡觉。这时，对面走来一位老太太，那老人头发花白，看样子有60多岁了。正当她移开视线的时候，发现那老太太嘴里正吃着一颗圆鼓鼓的棒棒糖，优哉游哉慢条斯理地跟着步子，李笑微不禁哑然失笑，再仔细看那老人的容颜，却是皮肤细腻，眼角的鱼尾纹比她的还要少。

李笑微与老太太擦肩而过，心中突然冒起这样一句话：好幸福的老太太。

幸福的女人知道如何享受生活，知道享受生活中点点滴滴的女人最幸福。一句不经意的言语，一个微小的动作，一丝心灵的回顾，一点泰然处之的随和……享受着，就是幸福着。

5. 没有一个肩膀可以代替一双翅膀

自己不会做饭干脆不做，直接下馆子；不会缝衣服就直接放着，有时间找个裁缝给缝上；电路故障、下水道堵塞，这些本就是别人的活……这些堵心的事都交由他人来解决。像这样的，天塌下来也有别人给顶着的想法在生活中已经司空见惯了。

当我们遇到挫折、遇到困难的时候，首先想到的是借助别人的力量让自己有个安慰。可是，当我们面对这些的时候，有没有想过我们自己就是自己最好的帮手。

郑板桥老来得子，高兴得不得了。在他临终前，希望儿子亲手为他做一次馒头，当儿子费了九牛二虎之力把馒头做好时，郑板桥已经去世了，只留给儿子一张纸条，上面写着："淌自己的汗，吃自己的饭，自己的事自己干，靠天、靠人、靠祖宗不是好汉！"

现今社会，男女平等，都靠自己才能过活。命运，靠自己把握。生命是自己的画板，为什么要依赖别人着色？

在孩提时代，我们就学会了一个道理：当自己沉浸在与其他小朋友相互追逐的快乐中时，不小心摔倒了，手臂上、膝盖上全是伤口。一个人坐在地上疼得哇哇大哭，可是没有人会去理睬你，生怕被责备。到最后，你只有靠自己的力量站起来，走回家中。

汤尚蓉在20岁时便一个人赴美求学，在国外，人生地不熟，唯一陪伴自己的便是孤独。学会忍受孤独是她上的第一堂课。

汤尚蓉回忆起在国外的时光时说："没有人会为你勾勒色彩，无人问津，无人宽慰怜悯，也没有人会围着你转，全靠自己一个人充实生活。即使今后朋友多了，事情接二连三地找上你，自己依然是生活的主导者。没有谁有义务在你伤心难过的时候给你依靠的肩膀。要知道，每个人都不容易。"

无论是在生活中依靠朋友，还是在家庭中依靠父母，或者在婚姻中依靠丈夫，只会让我们的心变得一次比一次脆弱。不经历风雨历练的小树苗永远长不成一棵参天大树，在别人的保护伞下成长，一次雷雨便可能夭折。

没有谁会永远为你撑伞，也没有谁会给你一生的肩膀。未来需要自己开垦，是坎坷，是平坦，自己坚持走过，一路行来，苦苦甜甜才是人生。学会自己承担，也是为自己留一条退路，当我们不得不独立面对生活当中的种种时，我们已经脱离开了他人的援手，而能够自己度过。

有这样一首歌，它告诉我们，每个女人都拥有一双最坚毅的翅膀，不需要任何人的肩膀，照样可以生活得很精彩：

每一次 都在徘徊孤单中坚强

每一次 就算很受伤也不闪泪光

我知道 我一直有双隐形的翅膀

带我飞 飞过绝望

不去想 他们拥有美丽的太阳

我看见 每天的夕阳也会有变化

我知道 我一直有双隐形的翅膀

带我飞 给我希望……

女人的幸福是要自己创造的，不需要太过于借助任何人的帮助。在过程中成长，体会不一般的快乐，同时也丰盈了自己的内心，将自己锤炼得更加坚韧不拔。相信自己，你能够做得很好，唯有自己创造的幸福会让你的羽翼更加华丽与坚毅。

6. 学会主宰自己的生活，不要太在乎别人的评价

在日常的生活中，我们难免会遭遇一些让人难堪的言辞、误解或不公正的批评、辱骂。比如，突然有一天你的同学或者朋友说你的头型长得很奇怪，有点像扁圆的南瓜，从此你开始天天留意自己的脑袋，每天站在镜子前瞅来瞅去，甚至到理发店去看看有什么发型能改善这丑陋的头型。人都倾向于完美，无论是做事还是对于自身各方面因素，都会习惯透过别人的评论或眼神来审定自己，这样反而让自己的内心承受煎熬，时时刻刻紧张度日。

而事实上，人与人无论在哪方面都不尽相同的，时刻保持清醒的头脑、坚持对自己的认知是不可少的。要明白"桃李不言，下自成蹊"的道理，关键时刻一定要做好自己，别太在意别人的评价。

孙若熙的上司总是一副凶神恶煞的表情，这让她总是产生紧张感，而且越久这种感觉越强烈。

孙若熙每次去上交文件的时候，她上司总盯着她，这让她特别不舒服，还很紧张，尤其是怕上司批评她，所以她总是将文件审了一遍又一遍，就算一个字一个字地抠，也要保证不能出现一个标点符号的错误。

在公司里，她的部门平时也不太严苛，所以大家说话上并没有什么约束。但是在和同事们的交往中，特别是彼此距离很远的时候，别人大声地

叫她，和她打招呼，她却不敢大声回应。久而久之，大家以为她冷漠，实际上她并非如此，她很想大声地回应，畅所欲言，只是每当大家叫她时总让她觉得身边的人在用异样的眼光看她，感觉上特别奇怪。

后来她总听到同事们议论她，说她装什么清高，装什么端庄，不就是个刚毕业的大学生嘛，也看不出有什么了不起的。这些流言飞语铺天盖地的，压得孙若熙喘不过气来。甚至后来由清高变成张扬，以至于上司提醒她以后注意言行举止，别太张扬。孙若熙有时候都想哭着找这些人理论，但最终她开始强迫自己和同事之间套近乎，虽然减少了一些说辞，但她总是出现幻听，觉得有谁在自己耳边不断说她的坏话。她一天比一天忧郁，最终变得有些精神恍惚。

我们都是平凡的人，所做的每一件事不可能让所有的人都满意。人活着是为自己而活的，不是为别人的评价而活的。假如为别人的一两句话而耿耿于怀，只会让自己的心情变得很糟糕，让你丢失自己内心原本的幸福感。

太过在意他人的评价，只会失去自我。当你在路上不小心摔了一跤的时候，惹得路人哈哈大笑，还听到有人说你真蠢，想必当时你一定很尴尬，并且认为全天下的人都在嘲笑说你愚蠢，你就像一只慌不择路的小马，逃之夭夭。

在你最饿的时候，你的面前摆着一块面包和一个香蕉，你明明想要拿起面包，却听旁边的人说，香蕉最美味，又甜又香，吃了一定不会后悔。当你吃过香蕉后，方知道，好吃是不能填饱肚子的，反而让你更饿。然而此时后悔，面包已经没有了。

一对父子牵着一头驴子出城去办事。最初，父亲心疼年幼的儿子，就让儿子骑在驴背上。走着走着，旁边的路人就开始议论，说这个儿子不孝顺，自己骑在驴子上，让年迈的父亲走路。听他们这么一说，父子俩觉得很对，于是就让父亲坐在驴子上，儿子走着。

然而，刚刚走了一段路之后，就又有人开始议论，人们觉得那个走路的小儿子很可怜，责怪父亲残忍。父子俩听了之后，也觉得很有理，于是就又改变了方式，父子俩一起骑在了驴子上。

可是就这样又走了一段后，又有路人说，这俩父子太不像话了，那驴子那么小，怎么承受得住他们的重量，这不是虐待嘛，于心何忍啊！父子俩觉得很有理，于是两个人都走路，牵着驴子走。结果，没走多久，路上就又有行人开始纷纷评论：这俩父子真傻得很，有驴子不坐，自己走……

能够主宰自己的女人，一定是一个有极强信念的人。不要盲目地听取他人的评价、意见行事，而是按照自己的想法做一个判断。像故事中的父子俩，只会因他人的说法而行事，已然失去自我。

其实，不管别人有什么看法或评价，自己内心的感受才最重要，幸福不是活在别人的眼皮子低下，而是自身由内而发的真实感受。毕竟累了是要自己扛，病了是要自己养，别人再怎么说也无法替代。最重要的是如何看待你自己，就会觉得别人怎么看你。你若太过在意他们，他们的看法就重要得不得了，让你时刻不得安宁；你若不在意他们，他们的看法就无足轻重，对你的生活无丝毫影响。

但丁有句名言："走自己的路，让别人去说吧。"这句话并不是要我们一意孤行，而是告诉我们人要有自我。如果我们自己确实没有什么过错的话，有人愿意说，就让他们去说吧，对你本就没什么伤害，毕竟人人都有言论的自由。

但是，事实告诉我们，行动永远比言论更有力量。我们不必对别人的言论去进行反击，低调做人，走自己的路，埋头做事，这样既轻松又活得坦然，只有源自于内心真实的自己，才能体会到时时刻刻围绕在周身的幸福。

7. 选择面前，遵从自己内心的声音

善于倾听永远是一种美德，只不过在生活中，大部分人习惯听从来自外界的声音，而很少有人去听从自己内心的声音。如果你看上了两件衣服，可手上的现金只够买一件，但在店员滔滔不绝的赞美与评论中，本来只想买一件，最后不得不刷卡全买回家。虽然只是一件衣服，但如果两个男人站在你的面前，一个是照顾你十几年的男人，一个是你的初恋男友，若这两个人都深爱着你，那么该如何选择呢？是不是也要去征求一下他人怎么看？如果他人告诉你的意见正好与你内心的想法相反，你可否保证今后的生活会幸福？当然，你一定要遵从你内心真正的选择。

伊莎多拉·邓肯在她坦率闻名的《邓肯自传》中讲述，她自幼就不相信世上有圣诞老人，而且蔑视一切陈规，唯独听从自身内心的声音。在她的舞蹈班上，哪怕是最小的孩子，她也会告诉他们："用你们的心灵去听音乐，现在，你一边听，是不是同时感觉到有一个自我正在你内心深处觉醒？正是靠这个自我的力量，你才抬起你的头，举起你的臂膀，慢慢走向光明。"

一只狼掉进了井里，因为井太深，它像囚徒一样被关在了里面。突然一天有只小羊来井边喝水，但看到了有只狼在下面就胆怯了，因为它听伙伴们说过，狼是羊的天敌，遇到后一定要有多快跑多快，有多远跑多远。小羊实在口渴得很，正在它想要离开的时候，狼叫住它说："小羊，别走，我是农家的狗，不是狼，这井里的水真是甘甜解渴，因为贪喝所以不小心掉进来了。"

小羊听狼这么说，又走上前去看了看它，这一看还真觉得它像狗，最主要是它没有见过真正的狼。又听它说井里的水很甘甜，小羊实在渴得厉害，但它记得伙伴们描述的狼似乎也跟它很像。狼看出小羊在犹豫，于是就又说："你看我会摇尾巴，狼是不会摇尾巴的。"狼偷偷地用后脚掌来回摇晃尾巴，这下小羊相信它就是一只狗。于是也不管别的，就帮忙找了一个树藤，用嘴叼着把狼救了上来。

狼见自己得救，就假装好心地对小羊说，为了防止它掉下去，将树藤绑在了它的身上，让它安心喝水。小羊就任由狼摆布，当它站在井边喝水的时候，狼偷偷地走过去，一脚把它踢进井里。小羊这才反应过来自己上当了，问它为何如此恩将仇报，狼告诉它："只有最愚蠢的羊才会相信狼的话，你的犹豫不决害了你自己，所以你还是到我肚子里忏悔吧。"

现今火爆中国的动画片《喜羊羊与灰太狼》，不仅抓住了小朋友们的心，成年人也同样很是喜欢。喜羊羊的聪明伶俐告诉了所有人，做人做事都要遵从自己内心的想法，尤其是面对选择，如果犹豫不决只会让其他的小羊落入狼嘴，果断地做出正确的判断，不受外界的干扰，也不能心存胆怯之心。

用眼睛看到的和用耳朵听到的不一定就是对的，但心不会欺骗我们。

一天早晨大雾弥漫，能见度不到一米。公共汽车、小轿车和出租车根本无法行驶，被迫停在路边。大街上，人们只好在大雾中慢慢地边探索边步行。

佳露要去公司参加一个重要会议，绝对不能迟到。尽管心急如焚也只能像其他人一样摸索着前进。但令她烦恼的是居然迷路了，站在原地踌躇不定，不断地跺脚哀叹。

就在这时，佳露遇到了一个热心肠的老大爷，对方主动问她是不是需要帮助。佳露也没怎么太在意，就随意说了句自己迷路了。老大爷知道后便自告奋勇地替她带路。佳露起初不想走，但也只能死马当活马医跟在老大爷后面了。就这样，他们俩寸步不离地穿行在浓雾之中。虽然街上能见度很低，但老大爷却毫不费力地走着。他领着佳露走过一条胡同，接着拐进一条大街，然后通过一个公园，只用了半个小时就到了公司门口。

佳露欣喜万分，但她始终不明白为何老大爷如此轻车熟路。她诚恳地询问，那个老大爷告诉她："再大的雾也难不住我，因为我是用心记路看路的。"

只要我们心里有一盏明亮的灯，选择面前不丢失自己内心的想法，就永远不会迷路。人生亦是如此，当我们面对选择时，不要盲目地去向可以给你答案的任何人请教，别人了解的你是片面的，所给的意见也是出于他们本身对事物的看法，而你才是真正了解自己的人，唯独你内心的选择、想法才是最符合你自身实际的。

当然，我们所说的并不是要你凡事以自我为中心或一意孤行，而是从正确的角度出发，遵从自己内心的声音行事。总是征求他人的意见，是你内心不自信造成的。平时过于依赖他人，让自己遇事犹豫不决，优柔寡断，害怕出差错，如果再度依赖他人，只会让自己的心深度蒙蔽，让你时时刻刻跟随别人的脚步行事。

一个没有自我的人，是体会不到真正的幸福的。而你所认为的事半功倍后的幸福，并不属于你。一朵香艳四溢的鲜花放在你的面前，你听到两三个声音说不香，七八个声音说很难闻，那么你该怎么回答呢？如果你说不香你就可以跟他们站在一起，如果你说很香那你就是孤立的一个。从心底给自己打气，说出内心的真实感受，那么这朵鲜花可能就是你的奖励，会让你的生活从此芳香四溢。如果还是顺从大家违背自己的内心，你也不过是大浪中随波逐流的一粒普通的沙子，并且是永远平凡的一粒沙子。

幸福的女人心底住着真实的自己，她们知道自己想要什么，该选择什么，内心的声音告诉她们这样选择最为美好，因此她们时刻享受在获取的幸福当中。

8. 伤害你的不是事情本身，而是你的心态

辛辛苦苦整理好的房间一下子又被调皮的孩子弄得一塌糊涂；清晨去上班时却发现自行车的车胎被人扎破了；工作中因偶尔疏忽而挨了上司的批评……人生总有许多这样让人心烦的琐事，有时候这一整天都被乌云遮盖，没有任何顺心的时候，好似老天就是故意跟我们过不去。

其实想想老天并不能左右我们的人生，而是我们的心情受到了外界的影响。打雷下雨你没有打伞，即便被雨淋成了落汤鸡，抱怨也好，咒骂也罢，于事无补，只会让自己的心情跟着更糟糕。天没有错，雨也没有错，错的是我们的内心太过在意事情本身，而忽略了导致心情变糟糕的真正原因。

琼沐瑶一直都觉得她的腿很疼，尤其是到半夜的时候，总是疼醒，用了800毫克的止疼剂也无济于事，每次想从床上起来，只是到一半又倒下。

到了医院检查后，医生告诉她，她的腿完好无损，只需要回家静养就可以了。然而琼沐瑶却将信将疑，一直耿耿于怀那个医生的医学水平。毕竟自己的腿疼是事实，怎么可能会没有事情，而且让她静养，那不等于是让她什么事情都不干了，只能干坐着，干躺着。琼沐瑶心想着既然没有事情，也不管它了，慢慢就好了，所以平时该干什么干什么。可是，她的腿疼依然不见好转，过去两三天后，反而越来越重。

琼沐瑶气愤地跑去医院在医院里跟医生理论，为何她的腿依然疼得厉害不见好转，还说这里全是庸医。医生心平气和地询问她今日的状况，她一五一十地告诉医生后，医生说："这并不是我们医生的问题，告诉让你静养，你反而却不加注意，每天都将自己弄得一身疲乏，这样只会让腿越来越痛，现在虽然没有什么，但是等年迈后容易造成静脉曲张。"

琼沐瑶听完后，吓出了一身冷汗，但是她却仍然嚷嚷着就是医院的错，是医院的不对。

遇到事情后不思己过，却一味地在事情本身上找错，总是抱怨别人不对，从来没有认识到是自己内心考虑不周出的错，推卸责任似乎更加习以为常，毕竟谁都不想将过错揽在自己身上。虽然我们不断遭遇痛苦，却不知道排解痛苦的正确方法全在于调整身心。如果到外因上找错，只能将事情弄得越来越糟。

当我们遇到种种不开心的事情时，往往第一反应就是先思考事情本身哪里出错了，而不是先思考我们内心是不是也有错。听到不悦耳的话或者看到不顺心的事情时，内心条件反射地就会不高兴。有时甚至理直气壮地想要和别人理论一番，争出个"孰是孰非"。就算嘴上不争论，心里却不断地抱怨或者通过别的方式宣泄不满。

"那个人大脑有问题吧，怎么可以这样，烦死了，干吗非得要我这么做？"

"这件事情肯定是他忽略了什么关键，连累我一起受牵连。"……总之，当我们遇到不顺心的事情时，总会习惯于先把矛头指向别人，让烦恼牵制我们的内心，做出一些不理智的事情，自己却浑然不觉。

有一个老太太，得了病，茶饭不思、食不甘味，还有些萎靡不振。她时不时地会抱怨是儿媳妇做饭不好吃或者抱怨老天跟她作对，吃了很多药也无丝毫效果。一天听邻居说来了位医术高明的中医，她便去瞧瞧。经过中医一番望闻问切之后，给她开了一张方子，让老太太按方子去中医药店抓药。

老太太来到药铺，给卖药的师傅递上方子。师傅接过一看，不抓药倒罢了，反还哈哈大笑起来，这一问方知那中医开的是治婴儿病的方子。老太太寻思那名医犯糊涂了，于是赶忙去找医生，结果不巧那医生出门了，要一个月才回来。这老太太只好揣起方子回家。

回家路上，她想：糊涂医生开糊涂方子，居然认为她得了"尿布疹"婴儿疾病，禁不住哈哈乐起来。从那以后每当想起这件事，老太太就忍不住大笑。

一个月后，老太太去找医生，笑呵呵地告诉医生方子开错了。医生却告诉她，他是故意开错的。老太太患的是肝气郁结，引起精神抑郁及其他病症。笑，是他给老太太开的"特效方"。老太太这才恍然大悟，这一个月，老太太光顾笑了，没有吃药，身体却健健康康的。

遇事不自我反省，只会怨天尤人，也不过是庸人自扰。要知道，解决事情的根本不在外而在内，只有调整好自己的心态才能够"拨开云雾见青天"。

当我们走在人生的旅途上，沿途随时有坎坷泥泞，却也有赏不完的春花秋月。如果我们的心总是被那些灰暗的一面牵着鼻子走，只会干涸了灵魂，失去生机，这样的人生怎么会美好呢？而如果我们有一种积极、健康、向上的心态，即使身处逆境、四面楚歌，也一定会有"山重水复疑无路，柳暗花明又一村"的那一天。

就现实的情形而言，忧虑悲观者的呻吟与哀号，虽然能得到同情与怜悯，但最终却逃脱不了别人的鄙夷与厌烦；而拥有一个好心态、乐观上进的人，经过长久的忍耐、奋争、开拓，赢得的不仅仅是鲜花与掌声，还有那饱含敬意的目光。

我们忙忙碌碌地生活在这个世界上，每一天都承受着巨大的生存压力。如若我们不懂得调节自己的心态，忧愁、苦恼、怨恨、愤怒等会接连不断地找上我们，对我们的身心造成难以愈合的伤口。

俗话说："平和者，平静、平常也。"调节我们的心态，过简单、平凡而快乐的生活。不让那些琐事有乘虚而入的机会，省去那些自寻的烦恼，为自己开阔身心解放的快乐空间。

幸福的女人，会用平和健康的心态审视周围的一切，用一颗充满智慧的心灵摆脱纷繁，简单而充实地生活，让幸福欢笑拥抱生活。

9. 没事别和自己较劲儿

生活中，每个女人都渴望自己的生活完美，渴望心想事成、无忧无虑。然而，我们也能清晰地感受到，无论我们做什么，总会觉得有不足的地方。于是，我们就会不停地自责、埋怨周围的人或环境，我们总被莫名的坏情绪所缠绕，不停地和自己较劲，无法自拔！

女人要明白，不完美是事物的常态，你也永远不可能事事都做到完美，既然如此，那让自己满意就可以了。不要过于苛求自己，也不要总是抱怨周围的环境和人，学会欣赏生活中的不完美。

女人应开始学会适时地"饶"过自己，理性地面对现实，调整情绪，用宽松的心态去面对身边的人和事，让自己拥有一个健康的身心和愉快的情绪，这才是获得幸福和快乐生活的关键。

对于工作、生活中的一些琐事，只要是没有原则之争，纵然不合心意，也要以"糊涂"为上。不过分去斤斤计较，不任意发怒，争吵不休，这样才能让你舒心地过好生活中的每一天。

辛琪是个极有能力的人，是一家普通公司的职员，因为表现突出，工作半年时间就荣升为公司的中层管理人员。她原本与同事的关系处得很好，但是自从做了管理人员之后，为了避免同事疏远自己，她就尽可能地与下属交朋友。因为辛琪的诚心，所有的同事都愿意与她打成一片。

然而，单纯的辛琪却意外地被表面的一团和气所"出卖"。有一次，她无意中听到同事们在私下里议论她与顶头上司的私事，而且口气还十分恶毒，让辛琪很是难受，并且很长一段时间都缓不过神来。随后，公司中谣言四起，给她造成了极不好的影响。为此，她也被降了职。她很是气愤，自己靠努力挣得的工作职位就这样丢了，心中很是不甘心。部门内部的竞争都是极强的，以后再想要升职，恐怕会很难。一想到自己的前途，辛琪感到很是迷惘！

一个月后，辛琪接到一个朋友的电话，告诉她出卖她的同事是谁时，辛琪表现得很是镇定，对朋友说道："你不必告诉我了，我已经快把这件事情忘记了！"朋友诧异万分，仔细询问她原因，她说："即便知道了真相，也不能够挽回现实，我现在做的就是要努力工作，这才是有意义的事情！"

几个月以后，因为辛琪的突出表现，再次升了职。

辛琪是豁达的，面对同事的伤害，她没有过于追究，而是化悲痛为力量，尽快地将其遗忘，从新的开始向新的目标奋进，最终达到了自己的目标。她如果一直将自己埋葬在痛苦和怨恨之中，那么，最终可能会是另一种结果了。

女人，一辈子着实不容易，不要因为小事给生活打上死结，不要把自己的幸福捆绑在别人的身上。凡事不必太较真，不去斤斤计较，内心只要多一些豁达，多一份宽容，多一份谅解，这是让自己获得幸福的前提。

10. 不要试图让所有的人喜欢你

没有人不希望自己受欢迎，得到所有人的喜爱与关注。但是去看那些在街上穿行的熙熙攘攘的人群，你会看到很多不同类型的女人，姿态各异，着装繁杂，穿不同的衣服、背不同的包。这些包和衣服，其中有你喜欢的款式类型，但也有不喜欢的。可是我们应该想到，你不喜欢的，会有别人喜欢；你喜欢的，别人不一定喜欢。

人性是复杂的，碰到气味相投的，你觉得他对味，他觉得你顺眼，于是，你们便相互喜欢。这种关系会像铁链一样扩牵下去，关系网越来越大，这时候，不对味的、不顺眼的都会渐渐地出现在身边。

当然我们总渴望得到别人的认可。比如某天我们化了美美的妆，听到别人的称赞内里表外都会喜滋滋的。就算没人注意，也会主动地去询问："看，我化的妆是不是很漂亮？"得到赞扬，我们会高兴得意；若是别人根本不屑一顾，或者指出哪儿有缺陷，你兴高采烈的心情立时彻底覆灭，甚至对那个人心怀芥蒂。

有的人害怕被人讨厌，太在乎别人的看法，总是想把自己改变成别人喜欢的类型。但每个人的看法都不尽相同，刚改变成这样，又因他人的一句话改变成那样，变来变去，还是无法让每个人都喜欢，只会让自己更累更苦。

有的人在和别人相处时，总是会说一些他认为对方喜欢听的话，即使是违心之论也无所谓。渐渐地，就会失去自我，失去自己原有的个性。讨好别人，使他找不到自己生命的意义，找不到自己生命的真正指标。

《伊索寓言》中有这样一个故事：

鸟类和走兽，因为一点争执，战争爆发了。

一次交战，鸟类战胜了。蝙蝠突然出现在鸟类的堡垒说："各位，恭喜啊！能将那些粗暴的走兽打败，真是英雄啊！我有翅膀又能飞，所以是鸟类的朋友。"鸟类很欢迎蝙蝠的加入。可蝙蝠胆子太小，等到战争开始，便躲藏起来，在一旁观战。后来，走兽战胜了鸟类，蝙蝠突然出现在走兽的地盘点头哈腰地说："恭喜各位大获全胜，你们太棒了，我是老鼠的同类，是你们走兽一族的朋友。"走兽们很乐意地将蝙蝠纳入自己的同伴群中。

于是，每当鸟类战胜，蝙蝠便成为鸟类的伙伴。当走兽胜利了，蝙蝠就又加入走兽一族。

最后战争结束了，走兽和鸟类言归于好，双方都知道了蝙蝠无耻的行为。

当蝙蝠再度出现在鸟类的世界时，鸟类很不客气地将它驱逐。

被鸟类赶出来的蝙蝠只好来到走兽的世界，结果走兽也将蝙蝠驱逐，不准踏入半步。

最后，被赶走的蝙蝠只能在黑夜中偷偷地飞。

讨好他人是不可取的，尤其是像《伊索寓言》中蝙蝠的故事，最后只会让自己无处逢生，只能暗自在夹缝中偷偷度日。

如果我们期望人人都对自己看着顺眼、感到满意，就必须要面面俱到。但就算我们努力了，尽量去适应他人的口味，做到完美无缺，也不会让所有人真的满意。这些不切实际的想法，只会让我们的身心感到沉重、疲乏。

我们不需要强迫别人都喜欢自己，更不需要强迫自己假装喜欢别人，做好自己的本分，不要为了讨好别人而改变自己。当然，也不要为了某些因素固执不通。只要我们坦荡，喜恶与否是自然，不必太过上心。

幸福的女人都明白这样一个道理：岂能尽如人意，但求无愧我心。只要自己内心是快乐的，别人喜不喜欢又有多大关系呢？

11. 接受并欣赏自己的不完美

生活中，我们经常会听到女人抱怨自己长得不够漂亮，身材不够苗条，皮肤不够好，脾气不够好，家庭不够富裕……女人要知道，这个世界上是没有完美的东西的，就像没有两片完全相同的树叶一般。

看看身边的人，只要仔细观察，我们总能够找出一些不完美之处：外貌上的，性格上的，经历上的……我们要学会接受并欣赏自己的不完美之处，这样你就离真正的完美不远了。

一位已到耄耋之年的老者，仍旧是个单身，他饥肠辘辘，满脸愁容，到处流浪。其实，他一直在寻找一个完美的女子。

有一个人便好奇地问他："你在寻找什么呢？"老人便当时面呈窘态，那布满皱纹的老脸略带红晕地说道："我在寻找一个完美的女子，然后娶她为妻。"那人听后便很是费解，又问道："您已经到古稀之年了，一生走遍了大江南北，已经行遍了天下，怎么还没找到呢？"

"当然找到了，功夫不负有心人，在其间我确实找到我认为是完美的女人。她是无与伦比的，她貌似天仙，性格更是柔情似水，体贴细腻，待人也宽容善良。"

"那你为何不娶她为妻呢？"

这个时候，老人便是仰天长叹一声，面部愁云满布，说道："她也在寻找她生命中认为最完美的男人啊。"

这个故事告诉我们，金无足赤，人无完人，世界上没有十全十美的人。残缺也是一种内在的美，是另一种意义上的艺术。残缺的人生也是一种美好的人生，我们只有善待缺陷，才能够感受到切实的幸福和快乐，才能创造出一次次的奇迹。

对于女人来说，也许你没有沉鱼落雁的美貌，也许你没有聪颖睿智的头脑，也许你没有苗条性感的身材……总之，你的身上可能没有任何值得炫耀的地方。但是，你就是你，你是独一无二的，你同样是上天创造的杰作。无论如何，你也要相信自己，你就是你，无论哪里多一寸或者少一分，都同样是上帝的绝版杰作。

每个人都是不完美的，每个人身上都有自己不愿意触碰的一面，亲人如果不愿意接受，连我们自己也无法面对。于是，我们不惜一切代价、竭力伪装成让人人都满意，让人人都喜欢的完美之人，只会丧失自己，会让自己疲惫不堪。

事实上，每个人的缺陷背后都隐藏着优点，每个阴暗面都对应着一个生命的礼物：好出风头只是自信过度的表现；胆小则会让你躲过飞来的横祸；散漫说明你内心充满了自由……阴暗面也是生命的一部分，只有真心拥抱它，我们才能拥有完美的人生。

托马斯·富勒说过："眼里只有瑕疵的人无法发现其他的东西。"所以，女人在任何时候都要学会欣赏自己的身上的不完美，学会摆脱当下的狭窄的思维误区，尽管这并非是件容易的事情。

学着接受自己的不完美吧，因为它是你独一无二的特征。欣赏自己身上的缺陷吧，正因为有了它，才让你成为你自己。不完美是你区别于别人的重要特点，世界可能会因为你的不完美而多一些亮丽的色彩！

第三章

幸福的坐标是自己：
与其向外苦追，不如向内乐求

电影《如果·爱》中有句经典台词："记住，对你最好的人永远是你自己。"真正幸福的女人，会把自己做为幸福的坐标，从来不奢望别人能给予自己幸福和快乐，会把自己当作自己唯一的救世主。她们真正地明白幸福的真谛，幸福不是一种物质，而是一种心理状态，一种愉悦的情感体验。所以，无论在任何情况下，她们都会选择做一棵独立的树，牢牢地抓住属于自己的命运，用乐观的心态谛造属于自己的幸福。

1. 一个"钱"字，让女人失去了多少幸福

有人说"钱不是万能的，但没有钱是万万不能的"。的确，人这一辈子，就是在围绕着衣食住行而活。可见钱真的很重要。有很多女人认为，只有钱才能给自己真正意义上的安全感。然而钱真的能带给你安全感和幸福感吗？

罗微嫁给了一个很有钱的商人。她并不爱他，但是她却充分享受着自己物质上的美好生活。每天穿金戴银，跟那些阔太太一起逛街、购物。没事的时候，几个女人围在家里打几圈麻将。生活得相当惬意。

但随着时间的流逝，她开始整日苦恼，虽然衣食无忧，内心却莫名地空虚，即便那个男人真的很疼她，但一个月他也只有四五天的时间在家。为了排遣那些郁闷，她开始到全国各地旅游，结交朋友，疯狂地购物。渐渐地她内心的空虚消失了。虽然有些苦涩，但她还是努力告诉自己，只有金钱才能给自己带来最大的安全感。

金钱可以让我们买到需要的东西，但仅仅物质上的需求并不能满足心灵上的空虚。即便用金钱来麻痹自己，也只会越来越苦涩。而有些女人认为嫁给一个德才兼备的男人，他既事业有成，又能拥有自己的爱情，这样既满足了经济上的需求，又填补了心灵上的空虚，这样才能给自己带来最大的慰藉。

张燕跑来向李婷哭诉，她过怕了贫困潦倒的生活，虽然她晓之以理、动之以情地说服了她的丈夫下海做生意，的确赚了几桶金。但谁知，那个让她掏心掏肺的男人，却在飞黄腾达后给了她一笔精神损失费和一张离婚协议书。

李婷听完，在安慰张燕的时候，心里也升起了不安。李婷的老公被他

公司的上司调离去外省分公司担任总经理，直到那个新公司业务发展到风生水起才能被调回总公司。李婷开始害怕，她的丈夫能否在离开自己几年后还依然爱着她？毕竟她有自己的工作不能陪他一同前往。

看过太多的悲欢离合，很多女人则把感情看成了最大的奢侈品。能拥有一份绝对安全可靠的感情实属不易，所以有的女人还是倾向于金钱带来的物质上的安全。

也有些女人会在金钱与爱情上纠结，毕竟鱼与熊掌往往不能兼得。分不清到底哪个更重要，哪个更能够给自己带来最大的安全感。

归根结底，金钱只是满足了物质上的安全意识，它并没有真正解决女人对安全感的需求。事实上，一个幸福的女人想要获得充足的安全感还是要靠自己，除了金钱与爱情，更重要的是自己认为自己是安全的：保持自己身体健康是安全的，让自己身心愉悦是安全的，有一份属于自己的经济来源是安全的，能够以平和的心态应对出现的紧急情况是安全的……来自自身与心灵上的"安全"才是一个幸福女人最宝贵的安全守则。

2. 幸福是自己创造的

一些女人总爱这样想：要嫁就嫁给一个对自己唯命是从的男人，然后将自己所有的一切全部承包给这个男人，从此不再为任何事情而烦恼，好好享受自己的生活，优哉游哉的，这样的女人才是最幸福的。

过幸福安逸的生活，能够怀揣这样的梦想不为过，可仔细想想，是否人人都有这样的幸运？

夏萌萌与她的丈夫结婚两年了，她开始厌倦起这平淡无味的生活，一天她对丈夫说："如果我想得到悬崖上的一朵花，你愿意为我去摘吗？"

等到第二天早上，夏萌萌没有发现他丈夫的身影，却看到了桌子上的一张纸条：你做饭总是不关煤气阀，做饭时我不得不跟在你身后为你关上；你出门总是将钥匙落在家里，我不得不急急忙忙跑回来为你开门；天气不好时，你从不记得带伞，下一点雨我都会去单位接你；你晚上怕黑，我不在家时，不得不给你打电话一直到听到你细细的鼾声；你老去的时候，怕你会孤单，我必须陪在你身边，因此我不会去悬崖上为你摘花，留下你一个人。

夏萌萌看到最后，大声地哭了起来，她从来不记得丈夫平时的细心呵护，总觉得这一切都是理所当然的。

嫁给一个好男人，是女人一生最庆幸的事，但如果将这些幸福全部化成依赖，让男人包容自己的一切，只会让你变得娇蛮，越来越多地向他们提出一些苛刻的要求。要知道，男人承担起了抚养家庭的重担，承担起了你的生活起居，并不是天经地义的。

张子涵很爱自己的家庭，也很爱自己的丈夫。虽然他们生活得很富裕，住在三层的别墅里，她却安然地上下班，然后收拾家务、做饭，照顾丈夫的饮食起居。

一次她的姐姐张子岚来看她，看到她的妹妹又是擦屋子，又是忙着洗这洗那。她说："你丈夫那么有钱，就不能请个保姆吗？看把你累的，这么大的房子收拾起来可不容易。"

张子涵笑着说："那哪儿行啊？他就是再有钱，也不能乱花啊！"

张子岚问她："是不是他不疼你，故意让你做这些的？"

张子涵说道："不是，他一开始死活要请个保姆，说我又上班又收拾家务很累，是我坚持不让的。我嫁给他，不是要当一个什么都不干只知道享受的花瓶，一劳永逸的生活会让我变成一个身心懒惰的无用之人，虽然忙了些，但我很快乐，能为他分担一些事情，值得。"

幸福不是靠男人给的，他们不欠你任何的幸福。如果你甘愿当一个无所事事的人，衣来伸手，饭来张口，那只会让男人认为你是个毫无内涵、庸俗的女人。

无论贫穷还是富有，女人保持经济上、生活上的独立，才会让男人对你刮目相看，才能让男人尊重你。

幸福是靠自己创造的，而不是一味求别人给予。幸福的女人通过必要的劳作来维持自己的家庭和睦与丈夫之间的温馨。

3. 为什么很多成功者并不觉得幸福

很多成功的女性，满心哀伤，自己有车有房、有事业，几乎什么都不缺，却为何生活如此淡薄，幸福反而变成了奢望，越发遥远？

幸福不是事业有成、钱财满贯就能标榜的。那些只是物质，也只能满足你物质上的需求，却无法满足你内心的渴望。

很多成功的女性质问幸福是什么：有人回答幸福就是三句话，能吃、能睡、能笑；有人回答幸福是三个因素，有希望、有事做、有人爱；有人回答幸福是来自内心的快乐、比黄金更珍贵的健康……如此多幸福的诠释，可谓是仁者见仁，智者见智。但都深入浅出地告诉我们幸福就在我们身边，幸福是一种感觉，一种体验，更是一种心态。

幸福很简单，是内心的一种知足，是内心的和谐。古人说："知足知不足，有为有不为，知足常乐。"既然你已经很成功，你物质上的条件一样都不欠缺，就不如好好享受这些丰厚物质带给你的快乐。利用自己现有的资源，为自己制造幸福感。

充实自己的生活，让内心丰盈而富饶。闲暇时，多进行一些户外娱乐活动；偶尔的田园生活或许会让你体会到心灵的质朴；多跟好友来往，真诚以待……但或许有些女人并不是内心的不和谐造成的不幸福，而是空虚，一种找不到自我的空虚，而这恰恰是来自感情的缺乏。

金钱有价，情感无价，很多女人被金钱诱惑，分不清孰轻孰重，而一度忽略情感的重要性。内心的空虚与孤寂便是造成很多女人忧郁压抑的主要原因。女人的幸福，物质只是一座可有可无的桥梁，站在桥上你只能看那些可望而不可即的美景，如果选择沿大路走，你便可以置身美景当中，触摸最真实的感受。

事业有成，钱财满贯，却也买不断内心的空虚寂寞。唯有充实自己的内心，让生活变得简单而充实，不要被那种定格的形式所拘泥，放开自己的心扉，要告诉自己你只是个在追求幸福的女人，用自己喜欢的方式去营造自己的幸福人生。

4. 谁说"裸婚"就没有幸福

"无房、无车、无戒指、无婚礼"，有一部分女人认为裸婚是足够相爱的表现，也有部分女人认为这是头脑发热或无奈之举。相信真爱至上的女人认为裸婚是追求纯粹爱情的象征，而立足于现实的女人则认为裸婚等于爱情的坟墓，因为物质才是感情的基础。

《裸婚时代》中有句台词是这样说的："我没车没钱没房没钻戒，但我有一颗陪你到老的心，等到你老了，我依然背着你，我给你当拐杖，等你没牙了，我就嚼碎了喂给你，我一定等你死后我再死，要不把你一个人留在这世界上，没人照顾，我做鬼也不放心。童佳倩，我爱你。"

回归到现实，有些女人面对这样的表白，会表示如果"半裸"还是可以接受的，但"全裸"不行。她们认为房子是衣服，而车子是鞋，婚礼和钻戒就是一些身上的配饰，或许那些车子或钻戒可以忽略不计较，但衣不遮体总是不行的。

的确物质是构成生活的必需品，离不开。但是物质并不能决定婚姻是否幸福，毕竟婚姻是建立在爱情的基础上，是由两个人内心彼此相爱才擦出的火花。或许大富大贵、无忧无虑的生活很是让人向往，但幸福不是只有一种定义，"裸婚"同样有不可附加的幸福。

菜利雅的一对朋友在没房没车没钱的情况下步入了婚姻礼堂，他们都是在上海工作的外地人。结婚的时候，婆家和娘家都愿意资助他们付首付购婚房，考虑到两边老人的退休金要养老要看病，他们毅然决然地选择了租房。

从租平房开始到租单元房，到有了自己的蜗居，一晃好几年过去了，他们像燕子筑窝一样一点一滴地置办电器、家具。今年买一台洗衣机，明年买一台空调，慢慢地，家里的电器、家具都置办齐全了。而今，婚前没有的房子和车子，他们现在都有了。谈起当年的裸婚，妻子说别人眼里的"三无"老公在她心里是"三有"老公，有品德、有素质、有责任感，她从来不后悔自己当初的选择。丈夫说当初老婆义无反顾地选择了他这个穷小子，始终是他这些年打拼的动力和精神支柱。

当你两手空空、一无所有而感到孤独的时候，有另一个人牵起你的手，陪你一起走向明天和未来。多浪漫的事情，不需要轰轰烈烈，只是彼此平淡而真诚。

这种情感淳朴而真实，即便那个男人同样一无所有，当物质剥离开你们的生活，你给对方的吸引力是来自你自身。

在我们的生活中，遇事十有八九不顺心，得失随缘，不要苛求什么，也不要过分地强求什么，今日命运之神转向你，给你富可敌国的财富，但明日或许就会收回，名利到头终是一场梦，想通了，想透了，心也就豁然了。名利是绳，贪欲是绳，忌妒和苛求都是绳。生活中，牵绊我们的绳子太多，幸福的女人只有摆脱这些对心的束缚，才能够享受到真正的幸福，才能简简单单地生活，体会一种最淳朴、最平实的快乐。

回想过去，在物质匮乏时代，我们的父辈却相濡以沫走到了金婚、钻石婚。

让我们善待生活，幸福只会悄悄而来，老一辈的婚姻可以白手起家，苦尽甘来，我们一样可以共同奋斗，相互扶持，携手创造一个幸福、温暖的家。

5. 嫁给房子还是嫁给爱情

"告诉你，不买房子就休想娶我进门!"

"你连最基本的房子都没有，还想拖累我到什么时候?"

"什么? 在你老家结婚? 那个穷乡僻壤里的土房子? 我不要，丢不起那人!"

有多少爱情因为一座房子而夭折，又有多少山盟海誓因为一座房子而变成恶言相向，又有多少家庭因为一座房子而支离破碎。

对很多女人来讲，房子就等于爱情。她们觉得如果没有盛放爱情的小窝，就不会有幸福可言。所以，很多女孩宁愿先嫁给房子等爱情，也不愿意嫁给爱情等房子。

那么当爱情和房子不可兼得时，我们又该怎么选择呢?

萌海青是一位职业白领，却一直与自己的老公生活在仅有40多平方米的租房内，可是她却从不对外隐瞒自己的生活状况。公司内大部分的同事都了解她的情况，总认为她如此优秀的一个人，却嫁给了一个没有能力买房子的男人，真是一朵鲜花插在了牛粪上。

偶尔还有一些关系特别好的朋友经常找她聊天，有时候会将话题扯到萌海青的生活上。有一次她的闺蜜对她说："你住的地方太简陋了，真不知道你哪根筋搭错了，会嫁给一个什么都没有的男人。"

萌海青笑着说："没办法，谁让我爱他呢！"

闺蜜说："爱他，就嫁给他吗？没有房子的爱情，就等于没有婚姻的承诺。这样的男人，会让你被别人耻笑一辈子。"

萌海青说："两个人相爱，今后才会幸福啊！如果只有房子没有爱情，那样的生活怎么会持久？如果因为房子而让彼此的感情破裂，即便有了房子，那层隔阂也不会消失啊。再说，他答应过我，会慢慢攒钱买房子的。"

闺蜜无奈地说："也就只有你这么傻，相信他的鬼话。等他攒够了钱，我估计你都变成一个老太太了。与其这样，不如让他贷款买房子，这样也有个体面，也可以享受大房子的幸福啊！"

萌海青笑道："他现在正在创业，需要资金周转，再加上平时早出晚归已经很累了，如果再让他为房子而死拼，那他不就成一个彻底的钱奴了吗？当初是因为我爱他，所以嫁给他，也正因为他给了我希望，所以让我不必在意其他人的闲言碎语。而且我们现在生活得很幸福，只需要支付每个月的房租，剩下的钱一部分存起来，另一部分用来装饰我们这个可爱的小家和用作家用。"

闺蜜惋惜地说："我看你是真傻了，如果是我，与其等待空中楼阁，不如去找一个有车、有房子的人。最起码不用为了生活基础而烦恼。大街上那么多的男人，总会有我想要的那样的。"

萌海青笑笑没有再说什么。

有位心理咨询师这样说过，婚姻不仅仅是海誓山盟和美丽憧憬，更重要的是无论富贵贫贱都要不离不弃。

如果你先选择了房子而放下爱情，那或许满足了你的虚荣心，让你可以在任何人面前高抬头颅地炫耀。但是，没有爱情的婚姻，会是幸福的吗？

一再逼迫男友或者丈夫买房子，就算房子买好了，也无非是让男人从此变成了只会挣钱的工具，而你们之间的感情也从此出现了裂痕。当你夜夜盼着他回家的时候，他只能为了多挣些钱不惜彻夜工作。

每个女人都希望有个独属于自己的温暖的家，可房子是有价的，而爱情无价，为了一栋有价的房子而荒废了爱情。当房子日渐破旧，而爱情却从未出现，终其一生落得寂寞。而和心爱的人共同努力，在爱情的滋润中相互扶持，慢慢积累财富，终有一天你们会拥有一个共同的家，专属于你们的温暖的家。

归根到底，女人最终的幸福不就是嫁给一个彼此相爱的人吗？唯有真爱才会一生不离不弃。所以不要再执着于房子之类的东西，真爱无价，没有裂痕的爱才更完美。

6. 千万资产和豪华别墅，一切都是浮云

很多女人都会有这样一个梦想：希望有一个王子会牵起自己的手，从此过着衣食无忧的生活。

多么美的梦啊。然而现实生活中，有部分女人就是在朝着这个梦想而拼搏，有时候甚至会放下自尊，只为追求丰厚的物质。

但是这些外在的东西随时都会化为灰烬，而有限的生命如此挥霍地葬送在这些物质上，当我们离开人世时，又能带走多少呢？

马露露在酒吧结识曹浩明。后来，马露露知道曹浩明是一家上市公司老总的儿子，身价百亿，这让马露露起了贪心。毕竟能认识富豪的机会不多，如果成功，她就可以飞上枝头变凤凰。

从那以后，马露露尽量将自己打扮得保守些，而且也不会太过疯狂地跳舞。她很聪明，懂得如何拿捏一个男人的心理，对曹浩明总是忽冷忽热，也不会因为他是公子哥就事事顺着他。她知道，像这种被宠惯的人，

越是哄着他、顺着他越让他瞧不起。果然被她料定，曹浩明很快迷恋上了她。当曹浩明向马露露表白后，马露露还作出为难状，说不合适。马露露的拒绝更让曹浩明觉得她是个不爱慕虚荣的女人。直到曹浩明一再向她表白，马露露终于答应了跟他交往。

一天，曹浩明要带她去见她的父母。马露露还是有些紧张的，但当她换了一身名牌，细心打扮一番后，自信还是回来了。

等她见到他的父母，她才知道，自己想得太简单了。曹浩明的父母早就打听了有关马露露的所有事情。马露露曾有过 8 个男朋友，但都是嫌弃他们穷才分手的。她在老家有一位年迈的奶奶和父亲，全家靠种地维持生计……

"女子爱财，取之有道"。当金钱、名利与幸福必须要选择一样时，我们就需要认真地考虑考虑。金钱的确能够让你衣食无忧过一辈子，但没有幸福可言，即便把钱当纸烧，烧的也只能是你的孤独和寂寞。而选择幸福，就算会为了生计而发愁，但你的生活会是相当地充实！两个人一起打拼，偶尔小打小闹，闲暇了去旅旅游，无聊了就装扮装扮自己的小房子……这样的生活是多么幸福啊！

要知道，清茶淡饭、糟糠粗粮才是有益身心最好的东西啊。

当你看到一个女人戴着华丽的首饰出现在你面前的时候，请看一看她的眼睛，她的眼睛里有多少像平凡的你能有的谦逊与温柔。

当你看到一个女人开着百万的跑车从你身旁驶过时，请看一看带着你骑自行车的男人，他给了你最浪漫的旅程，可以沿途好好欣赏周围的风景。

当看到一栋奢华的别墅坐落在你家附近的时候，回头看一看自己简朴的小窝，虽小却很温馨。

来自情感的需求是外在的物质无法替代的。豪宅、首饰、跑车再华丽也会变得陈旧，再耀眼也无法给你温暖。那一切都是浮云，生不带来，死不带去。女人终其一生还是要幸福，这样才不会遗憾终生。

7. 欲望越来越多，快乐越来越少

人心不足蛇吞象，人的欲望是无穷尽的。当我们穷其一生精力去追求各种欲望的满足，为达目的，即便忙忙碌碌、勾心斗角也乐此不疲。可细想下来，这些无非就是为了想要提高改善自己的生活水平，但就算你富可敌国，财气熏天，你会快乐吗？为了欲望而劳累拼尽一生，却丝毫没有真正地像个幸福的女人一样，细细品味人生的美好，这样的人生岂不是被欲望埋葬，时刻被痛苦折磨着吗？

一个收矿泉水瓶子的老太太给自己定了目标，每天收 500 个瓶子，基本上就是 20 块钱。但实际上她收到的瓶子要比这个数目多得多，但这个老太太很聪明，20 块钱就是她的目标，因此每当她赚到比 20 块钱多的额外收入时，她会为自己的成就而高兴。尽管没有谁在意她，但她的笑容充满快乐的幸福感。

一个公司的女副总裁，每天赚 40 万元，可她却整日愁眉深锁。因为她给自己定的目标是每天 60 万元，但是她已经拼尽全力了，只能挣到 40 万元。为了找到根源，她整天开始督促下属，有时火气上来，甚至严厉呵斥。这位女副总裁整天在公司板着脸，更别说快乐了。

快乐并不是取决于钱财多少，而是一个人的内心，穷困潦倒也好，财源丰厚也罢，只有一颗知足的心才能拥有快乐，而贪婪的心永远不知道快乐是何种滋味。

现实生活中充满了太多的诱惑，汽车、洋房、时尚衣饰、可口美食……数不胜数，而这些我们统统都想要拥有。如果看到心仪的人或物而不能占为己有，再好的心情也会变得无比沮丧，忌妒与渴望周而复始地折磨着自己的身心，整天郁郁寡欢，愁眉不展。

有一个国王过着最富足的生活，然而什么都不缺的他却从没有真正开心过。他找不到丝毫能让自己开心的办法，于是便找来太医。太医给国王开了一张方子：必须让人找到一个世界上最快乐的人，然后穿上他的外衣，你就会快乐了。

国王便通告天下，寻找最快乐的人。后来终于找到了那个快乐得无可救药的人，但是臣子们却告诉国王没办法给他带来快乐的外衣。国王听后大怒，必须给他拿来。臣子们告诉国王，那个最快乐的人是个穷光蛋，他从来没有穿过上衣，一直都是光着膀子。

财富、权势，当你得到这些后，会依然无法满足现状。而你得到的越多，快乐反而会离你越来越远。当你最终为了想要得到快乐时，你便又要为了寻找快乐的欲望而深陷苦恼。

准确地说，生活中我们离不开欲望，一言一行、一得一失均在欲望之中，而生活的细节大部分都是由欲望构成。欲望是无止境的，欲望太大无法实现会让你痛苦，那就不妨把我们的欲望定到我们只能跳到的高度，摘取我们能够轻易摘食的果子，从中也会有小小的成就感。而那个长在最高处的最灿烂的果子，既然采摘不到，何不放弃呢？不属于我们的东西，强求过来也不一定会给你带来快乐。

陶渊明的"采菊东篱下，悠然见南山"的闲淡生活，同样是内心的一种欲望，但这种欲望却是对生活美好的向往，是清心寡欲，小欲而让内心充实满足。因此，想要拥有快乐的女人，就放下那些遥不可及的欲望，珍惜那些唾手可得的小欲，好好享受拥有的。

8. 别让盲目攀比偷走你的幸福

每个女人都有虚荣心，当我们看到一个女人穿着最新潮的裙子在自己面前走过时，也会忍不住去买；看到限量版的包包，更不想落于人后；那个人的发型很有个性、很潮，必须要尝试一下，还会幻想肯定比她要好看；那双鞋她穿着有气质，绝对不能放过……

要知道，永远有比你家境好、相貌比你漂亮的女人。然而有些女人却不理会这些，即使没有那样的条件，也要压倒对方。同学、朋友相见，一定要穿上最好的衣服，定在最高档的酒店，没有车就算是借的也要让老公送自己去，言行举止，还有气质，样样都不能输给任何人。

邻居陈兵的老婆到市区中心买了套新房，张奎生的老婆知道后就眼红了，平时她就喜欢和陈兵的老婆比穿戴，这回说什么也要让张奎生旧房换新房。

这吵也吵了，闹也闹了，张奎生终于妥协了。但张奎生的老婆哪家楼盘不选，偏偏选中了陈兵住的那家楼盘，且是同一幢楼。

陈兵的房子是 100 平方米，张奎生的老婆就买了 101 平方米那套。搬到新家后，只要碰上邻居问起她家房子面积时，张奎生老婆总是扬扬得意地说："挺小的，一百多平方米，就是比 204 室陈兵家大那么一点！"

有一天，张奎生老婆就当着陈兵老婆的面跟一个邻居这样说，结果把陈兵老婆气得说不出话来。

一天，张奎生在楼道里遇到了好久不见的陈兵，刚一见到他，险些没认出来，张奎生吃惊地问："陈兵，才几天不见你怎么瘦了那么多呀？"

陈兵苦着脸说："别提啦！都是我媳妇逼的，自从你们家搬来后，她不但自己减肥，还逼着我减肥！"

张奎生不解地问："减肥干什么？"

陈兵无奈地说："我媳妇说，你和你媳妇都是胖子，只要我们俩减肥，那我们家的房子实际使用面积肯定不比你家小。"

张奎生一听这话，差点从楼梯上摔下去，他想这下完了，要是让他老婆听到这些话，肯定也得逼着他减肥。

爱攀比不仅会让自己痛苦，也会让身边的人跟着受累，尤其是丈夫，总拿攀比来确立自己地位的女人会对丈夫提出许多苛刻的要求，增加丈夫的负担，影响家庭关系。同时，攀比会让你在男人心目中失去美感，会让他们觉得你是如此庸俗与浅薄。

心理学家说："比较是人的本能。"很多女人习惯寻找类似的比较对象。比得过扬扬自得，比不过耿耿于怀，愁眉不展。这或许能够驱动女人变得更加好胜，但也会让她们变得盲目丢失自己的本性。

有智慧的女人，应该知道自己想要什么，而不是盲目地去比较，生活的标准和幸福的定义来自自身对人生的参悟，只要满足了自己的所需，就是快乐的，这样的幸福才是简单真实的。

9. 真正的幸福来自内心

有些女人整日愁眉苦脸，生活对于她们来说就像一杯苦茶，放得越久，品尝起来就越苦涩。满心的烦恼与忧愁，让她们觉得生活暗无天日，就连阳光也变得刺眼而不温暖。她们有的只是一颗孤独迷茫的心，世界上的一切仿佛与她们扯不上关系，她们觉得自己一无所有，有的只是满心哀愁。哪怕她们名利、财富、权势一无所缺，但是却不幸福。

其实幸福从没有抛弃过任何人，只是它的存在被我们忽视了。每当我们处在爱恨纠缠的边缘，每当我们事业失意、感情遇挫的时候，我们往往选择堕落也不想着如何去改变。世界黑暗了，感觉什么都没有，一切仿佛消失了一样，别人的笑容是那么刺耳，幸福是那么刺眼。感觉老天不公平，收走了原本属于你的一切，你恨、你怨，生活变得索然无味。每天的心底都在说着你是孤独的、寂寞的，即便有身价百万亿万，你依然告诉自己一无所有。

总在心底想着那些不幸福的事情，你不会发现身边的美好，自然会觉得你一无所有，为何不去看看幸福的女人，她们有什么呢？

张倩和她丈夫都是普通工人，收入一般，生活拮据又忙碌。他们刚结婚的时候，她丈夫说过："我无法给你安逸的生活，但是我会用爱让你幸福。"

没有钱，他们将更多的关注放在了感情上。张倩一直觉得，要把苦日子过得甜美，除了爱，还要有一颗积极乐观热情的心。没钱买好吃的，张倩就研究各种烹饪方法，一道菜做出很多种味道；没钱买质量好的名贵衣服，张倩就逛遍大街小巷，买一些价格便宜质量还可以的衣服；没钱带儿子去旅游，享受休闲，她便和丈夫一起自演自创，一家人其乐融融，欢声笑语不断。虽然清贫，但这样真挚的爱让他们彼此更加珍惜。

经济拮据，张倩和家人却练就了一身抵制诱惑的定力，从不为那些奢华的东西停留片刻，也不会纠结于鸡毛蒜皮，这让他们少了很多烦恼和不开心。只要一点点的小满足，就会让这一家人幸福得像过节一样。

每当有邻居问起张倩为什么总是这样乐观时，张倩总是说："穷日子让我们爱得专注，变得坚强，活得别有乐趣。虽然没有条件经常大鱼大肉的，但偶尔吃一次，却觉得是人间美味；没钱吃好吃的水果，简简单单的一块水果糖，放在嘴里也会让我们回味无穷。"

每天下班，张倩做饭，丈夫收拾屋子，儿子写作业，只要抬头看到他们认真的样子，张倩就觉得心里很开心。她不是没有向往过大富大贵的生活，她也有着那样吃喝不愁、自由清闲的梦想，但是比起那些来，眼前的幸福才是最重要的。

幸福的女人，即便过着食不果腹、屋不避雨的日子，依然笑逐颜开。生活对于幸福的女人就像一坛酒，放得越久，味道越加醇香诱人，品尝起来令人陶醉。

幸福的女人觉得自己是全天下最富有的人，有着灿烂无比的生活，即便现实残酷了些，但满心快乐，而这种幸福是用金钱无法换来的。

幸福并不与财富、地位、声望、婚姻同步，那只是来自你内心的感受。所以，总是认为自己一无所有的女人们，要对自己说：你很幸福，因为你有健康的身体和一颗完善的心灵。幸福来自于内心，内心知足才会让你学会珍惜曾被你忽略掉的幸福。

当春天来临的时候，要对自己说，春天了，万物复苏啦！你的心底也会泛起融融的绿意。幸福的时候，我们要对自己说，请记住这一刻！幸福就会长久地伴随我们。

每天对自己说一声"我很幸福"，让我们一起在丰收的季节忘却那些灾年，因为还有漫长的冬季来得及考虑这件事。让我们手拉手跳舞唱歌，渲染收获的喜悦。丰硕的果实是种子对汗水的回报，让我们沉浸在幸福中吧！

10. 长久的快乐在于知足

"知足者常乐"，我们又有多少人学会了知足：没有足够供自己花销的金钱，整天怨声载道；没有漂亮的外貌和修长的身材，便怨父母遗传基因不好；丈夫没有那些成功者的雄才伟略，因为他的平凡而时常恼怒……

可是当你得到想要的一切时，你真的会永久快乐吗？

一个老人和他的妻子住在大海边的一所破旧的小木棚子里，老头整日打鱼，他妻子整日结线。一日老人撒网打鱼，竟打上来一条会说话的金鱼。在金鱼的恳求下，老人不要任何回报地放金鱼回了大海。家中的妻子知道后破口大骂，硬逼着老人去向金鱼要一个木盆，金鱼爽快地答应了。但之后，他妻子又开始破口大骂，要老人去要一座房子。金鱼便给了他一座房子。

经过这两次，渔夫的妻子更加不知满足，再三向金鱼提出别的要求。第一次，渔夫的妻子要求不再做低贱的庄稼妇，要做世袭的贵妇人。金鱼满足了她的要求。他的妻子当上贵妇人以后，却把老人派到马房里干活儿。第二次，渔夫的妻子又声称不要做世袭贵妇人，要做自由自在的女皇。金鱼又一次满足了她的要求。当老人回来时，他的妻子看都没看他一眼，便吩咐让侍从把他赶走。第三次，他的妻子不再想当自由女皇，她要当海上的女霸王，并且要求金鱼做她的侍从，听她差遣。这一次，金鱼一句话也没有说，转身游入了大海。当渔夫回到家里，看到他的妻子坐在破旧的小棚子外，她的面前依旧是那个破木盆。

人的欲望无止境，当你得到一样，你的目光会随之转向另一个目标。获取时你是快乐的，但同时你的欲望会悄悄作祟，让你从这次的得到中窥伺下一次更大的欲望。很快快乐消失，忧虑、不满、抱怨、愤怒随之而来，愈演愈烈。

有位妇人总是抱怨丈夫无能，整个家就靠那一亩三分地过活。上帝听她不断地埋怨，就对她说："清早你从这里往外跑，每到一段距离你就插一根旗杆，只要你在太阳落山前赶回来，插上旗杆的地都归你。"那妇人听完，就撒腿不要命地跑，太阳偏西了还是不停。太阳落山前她跑回来了，但已精疲力竭，摔个跟头就再没起来。路人看到，挖了个坑就地埋了她。上帝站在那妇人的坟前叹道："一个人要的土地就只有这么大！"

人生苦短，当我们垂暮之年回想此生，有多少日日夜夜是我们值得纪念与珍惜的。名利、财富、地位的确会给我们带来生活上的快乐，但那仅限于物质上的短暂快乐，只有精神上的快乐才是永恒的。

你能知足，就不会有贪心；不会有贪心，就是快乐。你知足就常乐，不知足就常苦、常忧。若想要得到快乐，脱离种种苦恼，就要懂得知足。

唐伯虎的《桃花庵歌》有词："不愿鞠躬车马前，但愿老死花酒间。车尘马足富者趣，酒盏花枝贫者缘。若将富贵比贫贱，一在平地一在天；若将贫贱比车马，他得驱驰我得闲。世人笑我忒疯癫，我笑世人看不穿。不见五陵豪杰墓，无酒无花锄作田！"如此宽阔情怀也只有永久快乐之人才有所体会，知足常乐者的怡然自得才是生活中最美好真挚的幸福。

女人追求幸福，首先要学会知足，莫要为那些遥不可及的东西所牵绊而劳累一生。放开心情去感受生活的美好和生命的感动。快乐无处不在，而最大的快乐就在身边，其中最重要的是要有一颗平常、知足的心。

11. 精神上的贫穷最可怕

我们总是游移在物质与情感之间，分不清哪个对自己才是最重要的。当我们拥有了万贯家财，却整日不得半点闲暇，慢慢地，心灵上的空虚使自己像行尸走肉一样活着，甚至想着在那些灯红酒绿中就此堕落。而当我们拥有了亲情、爱情、友情等各种感情的包裹，我们的心灵就得到了最大的慰藉，哪怕天塌下来，也不用担心自己是孤独的个体，就算生活平实、简朴，人却充满了活力。

丰厚的物质与饱满的精神，两者之间即便不可兼得，也要知道一个道理：物质的贫穷不会带来精神的贫穷，而精神的贫穷将导致物质的贫困。

从前有一个财主。家里有良田千亩，粮食堆如山。财主临死后，将所有的家财交给了唯一的血脉，他的女儿。这位小姐从小被呵护惯了，变得懒惰，游手好闲，整日领着那些公子小姐到处吃喝游玩。

一次在一家茶馆，门口吊着一个鸟笼，里面是一只毛色润泽的鹦鹉，而且会说很多简单的话。那小姐指着鹦鹉说："老板，本小姐要吃它的舌头。"经过一番讨价还价，小姐用自家50亩良田换来了一碗"鹦鹉舌头汤"。

就这样，这位小姐走到哪儿玩到哪儿，从来不知道节俭，直到她把家里的良田全挥霍一空，粮食也糟蹋没了。

美国卡耐基基金会做过一项调查：在继承10万美元以上财产的子女中，有20%～30%的人放弃了工作，整天沉溺于吃喝玩乐中，直到倾家荡产；有的则一生孤独，出现精神问题，或是做出违法乱纪的事情。

在这社会上无钱是不能的，但钱不是万能的。钱能让你食尽天下美食、游遍天下山水，令你享尽物质上的满足，可却买不到真情和生命。人穷并不可怕，可怕的是精神贫穷。有道是人穷志不穷，有志者事竟成。只要你肯努力，不畏惧错误，不怕失败，坚持不懈地努力，终有一天你就能脱离贫穷。精神贫穷是最可怕的，精神贫困会让你失去自信，令你失去奋斗的力量，丧失了上进心，从而越来越穷。

有时，我们发现有的人尽管物质生活很简朴，但他们活得很快乐，心灵平和安详，精神愉悦。可是有些人住别墅、开香车，却郁闷不快乐，尽管物质足用，精神却不快乐。

有一些工薪阶层，尽管夫妻月收入加起来才几千块钱，只是住了套简朴的小居室，但布置温馨。他们善理财，勤俭持家，收支平衡，还定期储蓄。夫妻恩爱，家庭和睦，常常欢声笑语，充满了祥和愉悦的气息。他们心灵安详，精神愉悦，自我感觉钱财也够用的。其实并非是没有上进心，而是他们是精神、物质都富足的人，是快乐幸福的。他们的人生，就是成功的人生。

物质可以在你富足的精神领域中创造，但精神上真正持久的快乐绝对是物质无法满足的。因此，学会知足，珍惜眼前的一切，抛下世俗对金钱的执着，做一个真正持久拥有快乐的幸福女人。

第四章

善待自己，
及时为你的心灵排排毒

　　多数情况下，女人是脆弱的，在面对人生的起起伏伏，我们的心灵和肩膀无法承受那么多的痛苦以及负担。当我们无法承受的时候，不要让这些痛苦悄无声息地烂在心中，因为那样，只会让我们活得越来越痛苦，我们需要的就是想办法去化解痛苦，消解压力，这样才是善待自己和善待生命的表现，才能让生命绽放出光彩。

1. 怒气会让你的好形象荡然无存

爱美之心，人皆有之。女人们大都很注意自己的形象。良好的外部形象可以增添一个女人的魅力。然而，女人除了要注意自己的外部形象外，还需注意内在的形象，而内在形象美的女人，往往更受人们的喜爱和敬仰。为了让自己保持良好的形象，很重要的一点在于你要学会控制你的情绪。

在一家高档的餐馆里，有一位先生和一位小姐面对面地坐在一起用餐，从他们的神态中可看出他们在热恋中。听见有客人要一杯红茶，服务员应声而至。很快，服务员就端来了一杯红茶。可是在送红茶的时候，可能由于路面有点湿滑，服务员一不小心，把茶水溅到了那位小姐的衣服上。当看到自己洁白的衣服被弄脏了，那位小姐马上火了，在餐馆里大喊大叫起来。那名服务员赶忙给她道歉，但是那位小姐不依不饶，斥责的声音反而更大，甚至还说出了一些难听的话。当时餐厅有很多人在吃饭，听到这边发生了争吵，都把目光投射过来。从他们的表情可以看出，他们很难相信这样一位优雅的小姐会在大庭广众之下大喊大叫，还说出一些难听的话。这位小姐的男朋友也很尴尬，脸涨得通红，赶紧拉着她离开了餐厅。

自己的衣服被人弄脏的确是一件很可气的事。但是她实在不应该在大庭广众之下大发雷霆，让自己的情绪完全暴露出来。在人们心目中，能够掌控自己情绪的女人才更优雅端庄，也更让人尊敬。所以，各位女士，为了自己的形象，你们一定要学会掌控自己的情绪。

让我们再来看一则职场中的案例。

梦瑶是个很温婉端庄的女孩。无论是在生活中还是工作中，她都尽力保持自己的好形象，所以，人们很少看见她有情绪失控的时候，因而，她很受他人的欢迎。然而，最近的一次事件让她在同事们心中的印象大打折扣。

事情是这样的。梦瑶在一家建筑公司做设计师，一次，公司在开会讨论设计方案的时候，她兴致勃勃地把自己的设计方案展示出来时，领导觉得这个方案不错，但与另一同事的设计风格很像，由于那个方案已经通过了。所以梦瑶提交的方案不予采纳。

梦瑶听完之后，脑子瞬间空白，片刻之后才恢复理智："怎么可能呢？这可是我半个月的工作成果，难道是……"她突然想起，自己曾与那位同事聊起过自己的设计方案，尽管当时她的想法还未成形，但思路框架已经很清晰了。想到这，她感到非常生气，于是，她一改往日的温和性情，用一番很刺耳的话语骂了那位女同事一通，于是，办公室内一场唇枪舌战开始了。

梦瑶的这股愤怒，直到下午临近下班时才渐渐消退。此时，她坐在办公室里，回想今天发生的事，突然觉得有点懊悔，冷静下来后，她想到其实事情本可以有更好的处理方式，闹得如此尴尬，实在是不应该。

第二天上班时，梦瑶给那位女同事发了一条短信，其大意如下："我为自己昨天无礼的言行，向你道歉。创意这东西有时的确会出现雷同，我不该那么鲁莽地指责你。请原谅。"很快，她就收到了对方的回复："对不起的人是我。那份设计，的确是我抄袭你的。前一段时间，我的工作状态很糟糕，所以才会做出有悖职业道德的事，请你原谅。我昨天已经跟公司领导说明了情况，也交了辞呈。不过说真的，昨天是第一次看见你生气，还真的有点吓人呢！我还是喜欢那个温婉端庄的你。"

无论是谁，性情怎样，都难免遇到令人愤怒的事。优雅的女人，不是不生气，而是懂得控制情绪。不管遇到什么样的状况，她都会让自己做到理性处理。若是让情绪任意发泄，除了加深对立情绪，还会让你丢了形象。

2. 怨恨增添一分，恩爱便消减一分

希尔从小因为受到父母的娇惯，因而有些任性。两年前，她在一次宴会上认识了布鲁斯，两人一见倾心，很快便坠入了爱河。

在相处的过程中，他们二人的矛盾不断，经常因为一点小事发生争吵。起初布鲁斯还会哄希尔，可时间长了就失去耐心了，所以两人经常发生"冷战"。

一次，布鲁斯约希尔去看新上映的电影，待到约定的时间时，布鲁斯接到了电话说公司的事情要他马上回去处理，这让希尔很生气，两人不欢而散。

回到家里，希尔仍然觉得不解气，心想，如果布鲁斯不给自己道歉，就再也不理他了。结果过了好几天，她仍然没有等到布鲁斯的电话。而布鲁斯也觉得希尔从不考虑他的感受，所以他想根据希尔这次的表现再做决定。结果，就这样过了两个月之后，两人的感情也就走到了尽头。

爱情虽然很甜美，但是男女双方在交往的时候，也会有摩擦、争吵、发生一些矛盾，这些是在所难免的。面对这种情况，你一定要开阔自己的胸襟，尝试着谅解对方，只有这样，你们的感情才能得到稳固。否则，一出现矛盾，就对对方心生怨恨，这会极大地破坏你们之间的感情。

恋人之间、夫妻之间在相处时磕磕碰碰是不可避免的，在此过程中，切莫因为一点矛盾就对对方心生怨念，这样会极大地影响双方感情的发展，而为了让自己的情感之路走得更为顺畅，女人们不妨从以下几个方面来努力。

（1）在爱中学会忍让

两人相处，争吵是肯定会发生的。为了避免将矛盾升级，要学会忍

让，俗话说，忍一时风平浪静，退一步海阔天空。即使是再激烈的争吵，只有一方懂得忍让，懂得停息，才不会让争吵继续下去。

（2）多看对方的长处，学会欣赏对方

不少男女之间相处起来都问题颇多。原因在哪里？很重要的一点在于不懂得欣赏对方，而是处处要求对方，批评对方，所以才会感觉不舒服。有一个太太说：我看我先生很不顺眼。因为她常把她先生拿去跟其他的先生比，难怪她的先生会受不了。而且很有意思，这个太太说："我觉得我已经做得不错了，孩子我自己带，家里我也常常打扫。"而这位女士忘了很关键的一点，不会去欣赏她先生的长处。

（3）相互包容才不会形成爱的裂痕

要想保持美满的婚姻，需要夫妻之间相互关心、相互包容，这样才能长相厮守，幸福美满。

电视剧《金婚风雨情》讲述了一对门不当户不对的夫妻50年婚姻生活史。年轻时，他们爱得热烈浪漫，丈夫耿直是北京小伙，具有典型的北方人男人性格，他性格豪爽刚直不恶，霸气，但缺少小资情调；妻子舒曼是杭州姑娘，她美丽智慧，事业心很强，小资情调极其严重；他们经历一段令人羡慕的浪漫爱情和美好初婚，但进入婚姻生活后，两人从家庭出身、文化背景、性格到生活习惯都格格不入，两人又都事业心重，还领养了一个儿子，婚姻生活中从衣食住行到子女教育、工作事业处处矛盾。他们不常争执，而一旦吵起来，便是家庭地震，狂风暴雨，天翻地覆，但两人互爱对方，大吵过后仍是和好如初。正是彼此的关爱、相互扶助支撑他们度过人生中的风雨岁月，最终牵手走进金婚。

因此，一个真正的"女强人"不是"常胜将军"，而是一个内心平和、懂得谦让与宽容的聪明女人。

3. 不要过于和自己较劲

在压力和挫折面前，女性应开始学会适时地"饶"过自己，理性地面对现实，调整情绪，用宽松的心态去面对身边的人或事，让自己拥有一个健康的身心和愉快的情绪，这才是快乐生活的关键。

有个寓言故事，说一只小猫照镜子时，看见里面也有一只和自己一样的小猫，很是生气。于是它就向镜子里的猫呲牙咧嘴装怪相，没想到镜子里的猫也呲牙咧嘴装怪相；小猫很生气，于是便摆出一副准备打架的姿势，镜子里的猫也做出同样的动作。正在闹得不可开交时老猫回来了，看见小猫的样子，就对小猫说，如果你对那个猫笑一笑，看看它会怎样？于是小猫就向镜子里的猫微笑起来，而镜子里的猫也朝它微笑起来。

这个故事说明，日常生活中的许多事情，实际上很多方面都是和自己的镜像在较劲。纵观我们周围，不少女人时不时地就会和自己过不去，如"我到底哪儿做得不好，他才会选择离开我？""我哪做错了，导致他们在背后这么说我？"等等。这样无异于是一种自寻烦恼的做法。

香奈尔曾和欧洲的贵族——威斯敏斯特公爵相爱。他们两情相悦的时候，公爵赠送给她大量的珠宝，她在公爵的资助下开了第一家衣帽店，又开了时装店。后来，公爵移情别恋，她依旧经营着她的衣帽店。她说："世上有很多公爵夫人，可香奈尔只有一个。"她一生大起大落，男人们一个一个爱上她，又一个一个离开她，但是她从来没有放弃过追求梦想，用毕生的精力来打造她的时尚王国。

香奈尔是聪明女人的典范，因为她不和自己较劲。你说过如何如何爱我的，一眨眼你就移情别恋了。一般的女人，最起码要问个"为什么"：为什么要离开我？我哪里做错了？我们难道真的不能回到从前了吗？说着说着就觉得自己委屈，就和自己较上劲了。

和自己较劲，有时能激发你内心的潜能，助你达成目标。但不要过于较真，因为我们每个人都不可能在所有的事上做得比其他任何人都好。所以，有时候你需要淡定地去面对这一切。

兰兰每天早晨有跑步的习惯。一天，她同往常一样开始晨练，这时她发现有一人从她身后追了上来，轻松地越过她朝前跑去。很快兰兰就被落在后面。顿时，她心底不服输的精神涌了上来，于是她加快速度，想超越前面的那个人。可这个男人的速度确实很快，兰兰追不上他。当兰兰环顾四周的时候，她才发现，原来比她跑得快的人到处都是，而且，无论她多努力地训练提高，总还是有比她跑得更快的人。

这个事实让兰兰痛苦了一阵，不过很快她就觉得自己得到了释怀。毕竟就算她成不了最好的跑步者，但她可以享受到跑步的乐趣，这就够了。

在激烈的竞争中，我们也许不能成为最好的那个。但是，我们可以把事情力所能及地做到最好。所以，每个女人都要学会做生活的智者，知道自己该干什么不该干什么，知道什么事情应该认真，什么事情可以不屑一顾，这样才不会给自己招来一些莫须有的烦恼和痛苦。

4. 做好情绪的自我调节，做阳光灿烂的女人

试想，如果你在大街上见到一个打扮得非常时尚的女人和自己的男友抑或老公吵得不可开交，你还会觉得这个女人优雅吗？若是在平时，这应该是一个优雅得体的女人，可是什么让她变得如此歇斯底里、不可理喻？这就是愤怒的情绪在作怪！

在生活与工作中，每个人都会体验到愉悦、伤心、压抑、烦躁、愤怒等各种情绪。不少女性朋友都有过受累于情绪的经历，似乎烦恼、压抑、

失落甚至痛苦总是接二连三地袭来，于是频频抱怨生活对自己不公平，企盼某一天欢乐从此降临。其实喜怒哀乐是人之常情，想让自己生活中不出现一点烦心之事是不可能的，关键是如何有效地调整控制自己的情绪，做情绪的主人。

一位著名的女企业家因生意上的纠纷，与另一企业的老总对簿法庭。

在法庭上，对方的律师不仅态度恶劣，而且还不断羞辱她，企图惹恼她。但这位女企业家很聪明，她不仅没有落入他们的圈套，而且心态一直保持出奇的冷静。最终，对方的律师反倒失控于自己粗暴的态度和激动的情绪，不小心说漏了嘴，这让她找到了破绽，从而赢得了胜利。

其实，局面开始对这位女企业家是很不利的，因为根据对方手上所掌握的资料，她赢得胜算的可能性比较小。但对方却被自己的坏情绪打败了。这位女企业家不仅赢得了这场官司，而且还给人留下了一个优雅形象的印象。

可以毫不夸张地说，学会控制和调节我们的情绪，不仅是我们获得事业成功的保证，也是关乎我们生活幸福与否的关键。

阿桃累了一天下班回家，一进屋就看见丈夫阿坚坐在沙发上抽烟，一副闷闷不乐的样子。"怎么回事？前几天他不是才答应我戒烟的么，发生什么事了？"阿桃心里这样想着，所以，她没有动怒，而是悄悄走到他身后，拍了拍他的肩膀微笑地说道："是谁答应过我不再抽烟的？""吓我一跳，进来怎么不说一声。"阿坚不高兴地说道。

"怎么啦，今天情绪这么不好。"阿桃继续笑着问道。"你先让我一人呆会儿，这支烟抽完了我就不抽了。"阿坚说完就进了房间。

晚饭过后，阿坚情绪平静了很多，他向阿桃说明了原因。原来今天上班时，他作为一名技术人员，因指出生产中的问题被人挤兑了一番，所以到家后因心烦所以就抽起烟来了。事后，阿桃经过一番劝导，阿坚的情绪也恢复了原样，两人也和好如初了，并且阿坚再度保证，从今天起，他再也不抽烟了。

阿坚的情绪低落，假如阿桃此时不控制自己的情绪，那么两人极有可能发生争吵。正是因为阿桃很好地控制了自己的情绪，所以避免了矛盾的扩大化，并最终将问题圆满解决。

在与人交往的过程中，拥有好情绪也非常重要。心理学家研究表明，在第一印象形成过程中，主体的情绪状态具有十分重要的作用。在你与陌生人打交道的过程中，你的情绪不稳定，他就会觉得你是一个无理的人，无法对你产生良好的第一印象。这样势必会影响你们日后的交往。

情绪是我们内心世界的"窗口"，可以最直观地表现出我们的内心情感，它会直接影响到我们的学习、工作与生活。所以，我们要学会调节自己的情绪。

没有谁会喜欢一个动不动就歇斯底里的女人，这样的女人也很难得到内心的平静和幸福。因此我们说，一个女人要想获得成功和幸福的关键是掌握控制自己情绪的能力。

有人说，女人都是善变的，可是，任何一个成熟、智慧、优雅的女人，都不会让坏情绪主宰自己，不会让坏情绪的爆发扰乱自己正常的生活。

当然，学会调控自己的情绪并不是说要我们情感淡薄，而是让自己有一个开放的心态，让情绪为自己主宰，而不是被它牵引着走。

5. 收敛下你的坏脾气，换来人生好运气

现如今脾气暴躁的人群越来越多，其中以女性最为常见，而脾气暴躁的原因与快节奏的生活以及高压力的工作是密不可分的。

歌德说："谁不能克制自己，他就永远是个奴隶。"人人都有脾气，但

生活实践告诉我们——善于克制自己的情绪，才有可能走向成功；克制不住自己的脾气，它就会成为我们成长路上的绊脚石。

有位年轻的女孩毕业后进入到一家知名公司的客户服务部工作。工作的第一天，主管便要求她，要在限定时间内从一楼爬上五楼，并将一个包装好的漂亮盒子，送到另一位主管的手中。当她气喘吁吁地爬上五楼后，只见主管在盒子上签了自己的名字，又让她送回去交给自己部门的主管。一连三次，这个女孩觉得是他们在故意习难他。

当她第三次将盒子送来给主管时，主管让这位女孩将盒子打开，当她发现里头居然是一罐咖啡与一罐奶精时。她愤怒地看着主管，但是主管接着对她说："去冲杯咖啡吧！"这个命令一下，这位女孩再也忍不住了，气愤地说："我不干了！"

主管却失望地摇了摇头，说："你知道刚刚这一切，其实是一种训练啊！我们每天都要面对各种各样的客户，因此工作人员都必须要有极强的忍耐力，才能解某些棘手的问题。唉！原本你前面三次都通过了，就差那么一点点，你无缘喝到自己冲泡的好咖啡，真是可惜！现在，你可以走了。"

在工作中，即便是遇到让自己感到不愉快的事情，我们也要克制这种情绪，不让他表现出来，这样才能为你赢得更大的发展空间。那么，在生活中，倘若我们不能控制自己的暴脾气，又会给我们带来什么后果呢？

时常听见一些男人在结婚以后，向朋友抱怨道，我媳妇原来的脾气多好啊，现在动不动就发脾气，脾气特别暴躁，对方也会给出同样的结论。

曾听一位同事讲述过这样一件事情。说她的一位朋友，因早期事业发展不顺，他太太总是以粗暴的语言和嘲笑的眼神来看待他。每天他拖着疲惫的身躯回家的时候，本来很希望得到太太的一些鼓励和关心，但是他太太却用一些粗俗而生硬的话来迎接他，并且经常为一点小事就冲他发脾气。

这种情况接连持续了好几年。虽然要经常忍受他太太的暴脾气，但他还是坚持努力奋斗。现在，他公司的业务已经发展得有声有色了。至于他那位太太呢？他早就和她离婚了，又娶了一位年轻、能够给他爱心和支持的女人，而这正是他第一任妻子所不能给他的。

事实上，他的第一任太太不知道自己为什么会失去丈夫。她这样对别人说道："我省吃俭用，陪他度过最困难的几年。结果，当他飞黄腾达时，他就离开我，去找比我更年轻的女人。想不到他竟然会是这样的人！"

如果有人告诉她，使她丈夫离开她的并不是另外一个女人，而是她自己火爆的脾气、无休止的唠叨和无端地挑剔，她会作何感想呢？

女人脾气暴躁严重的影响了自己在丈夫面前的形象，影响了夫妻之间的感情。这都是坏脾气惹的祸！

我们说人不可能永远处在好情绪之中，生活中既然有挫折、有烦恼，就会有消极的情绪。一个心理成熟的女人，不是没有消极情绪的人，而是善于调节和控制自己情绪的人。注意这并不是说要压抑自己的消极情绪。

那么，具体到行动中，如何才能让那些容易急躁、易怒的女人改掉自己身上的这一习性，以期让自己获得更多人的喜欢，助自己走向成功之门呢？

（1）主动地认识坏脾气所带来的危害

一个脾气好的女人无论到哪里，都会受到欢迎，别人也喜欢同她合作、共事；相反，一个脾气不好的女人，则常常给自己和别人带来苦恼，使别人觉得难于与之相处。而且有人作过调查，发现绝大多数男女青年在选择配偶时，都把要求对方脾气好作为条件之一。

另外，在一个家庭或一个人所处的小单位里，如果有一两个脾气不好的人，常会使这个家庭或集体搞不好团结。因此，改掉坏脾气不仅是为了消除个人的苦恼，而且也是为了促进家庭和睦，增强集体团结。

（2）提高自身的修养

很多人都说脾气是一个人性格中的一部分。其实性格与后天环境的影响有重大的联系，脾气也是。因此，我们可以通过后天的学习，来培养宽阔的胸怀，良好的心态，这样能降低我们意气用事的概率。

影视剧《武林外传》中的女侠郭芙蓉，是个厉害角色，全凭一招"排山倒海"行走江湖，脾气暴躁也远近有名。不过，好在遇见吕秀才不断教化，每逢不平事欲发作，总先念叨一句："世界如此美好，我却如此暴躁，这样不好，不好。"自能稳住心气，避免了很多矛盾。

（3）学会情绪转移

环境可以影响我们的心情。因此，当你想要发火或心情很糟糕时，不妨学会转移"阵地"，转移视线和目标。比如出去散散步，听听音乐，打打球，或是逛逛街等，这样有助于你情绪的恢复。

6. 聪明女人不会为小事生气

在公交车上，有一对下班回家的情侣。可能因为人多，男的不时地将手臂围住女的，并轻声的问："累不累？"

"待会想吃些什么？"只见女的不耐烦地回答："我已经够烦了，我们在一起好几年了，我的口味你还不知道，每次都要问我。"

男的显出一脸无辜的表情，而后说了句令我印象深刻的话。

"让你决定是因为希望能够陪你吃你喜欢的东西，然后看到你满足的笑容，把今天工作中的不愉快暂时忘掉。"

你常遇事小题大作，被情绪牵着鼻子走吗？你常为生活中的小事耿耿于怀吗？恐怕不少的女性朋友都会给出肯定的答案。

有时候，我们经常发现自己常为一点小事就生气，我们惊讶自己的"心胸狭窄"或者问"我们什么时候变成这样了？"其实，不是我们变得心胸狭窄了，也不是我们变了，而是我们养成了生气的习惯。既然是习惯，那么，我们也可以通过改变自己，来养成不生气的习惯，尤其是不要为小事而生气，尽量做到以下几点：

（1）不要因为小事争论不休

莎拉是一名汽车公司的销售员，在最初的几个月里，她的销售业绩很不理想。为此，她向同事请教，同事告诉她，你太爱和顾客争论，所以失去了很多的客户。

听同事这么说，莎拉回想起以前的工作场景，确实是这样。例如有一次，她像往常一样向客户推销汽车，客户听后说道："你向我推销的那款汽车我不喜欢，就即便送给我，我也不会要的。我打算买另一家汽车厂商生产的汽车。"莎拉听后很生气，她将客户说的那款汽车的不足说了一通。结果，莎拉越是挑剔，争辩愈是激烈，以至于对方决心不买莎拉的汽车。

待认识到自己的不足之后，在遇到类似的情景，莎拉改变了策略。她不但不反对客户的意见，反而顺着他的口气说：'先生，您说得不错，那款的汽车确实不错，而且是个大品牌。'听莎拉这样说，客户就无话可说了，想争论也无从争起。这样，莎拉就找到一个机会，向他介绍自己公司车子的优点。

"回想起来，我真不知自己过去是如何推销的。无谓的争论，使我失去了很多宝贵的时间和金钱。现在我学会了如何避免争论，如何少讲话，收效显著。"莎拉这样总结道。

聪明的女人知道这样一个道理：如果你靠辩论反驳，或许会得到胜利，可那胜利是短暂空虚的。因为你可能会永远失去了对方对你的好感。

（2）不要因为小事折磨自己

一些女性朋友总是因为一些小事情绪波动，经常因为一些事情心痛，说得直白点就是自己在折磨自己，其实这大可不必。

契诃夫曾写过一篇小说，名为《小公务员之死》。小说描写了有一个小公务员一次去看戏，不小心打了一个喷嚏，结果口水不巧溅到了前排一位官员的脑袋上。小公务员十分惶恐，唯恐大官人会将自己的不慎视为自己的经意冒犯而一而再再而三地道歉，弄得那位大官人由毫不在意到真的大发雷霆；小公务员心想，这下子得罪官员了，他又想法去道歉。小公务员就这样因为一个喷嚏，背上了沉重的心理负担，最后，他死了。

生活中有太多不值得我们去计较的小事情，运用你的智慧，以一种超脱的心境就必然不会再因为小事而烦恼，以赢得更广阔的人生。

一位父亲在教他5岁的孩子使用剪草机，听到电话铃响了，父亲进屋去接电话。趁着父亲不在，孩子把剪草机推上了他父亲精心种植的花圃上，父亲出来一看，气坏了。这时，母亲出来了，看到这一幕，她明白怎么回事了，她温柔地对丈夫说："养育孩子是一件很重要而快乐的事情，还有什么能与之相提并论呢？"听到妻子说，这位丈夫的表情立马由阴转晴了。

女人只需抓住生命中最重要的东西，而不是生活中的细枝末节，所以，你没有必要为一些小事而折磨自己。

(3) 调整自己的心态

为什么对于同一件事，有人被气得暴跳如雷，而有人却怡然自得，丝毫不放在心上。这在很大程度上与我们个人的心态有关。

周丽华是台湾安泰人寿保险公司的一名员工，她进入寿险业才只有六年的时间，却得到了很多的奖牌。每年她都会去美国领取"百万圆桌会议会员"奖，这是寿险业最高的荣誉。

周丽华笑称其实自己脾气不是特别好，可以承受数以万计的白眼、怒骂还有轻视的主要原因，是她认定自己在从事爱心传递这样的工作，秉持工作的理念还有执着。当负面情绪涌上的时候，然后她就告诉自己说："放下。"生气对身体健康有非常深远的影响，你，仍然决定要生气吗？

我们的恼怒有大部分是自己造成的。倘若能够调整好自己的心态，那么，你就没有那么多无端的烦恼了。

7. 女人生气不如争气

唐莉是一位重点大学的高材生，从小是在别人羡慕的眼光中长大的，可进入公司后因得不到重用而非常苦恼。她向当地的一位智者请教："为何命运对自己如此不公？"智者从路边捡起一枚石子，随手扔了出去，然后问她："你能找到我扔出去的那枚石子吗？"唐莉摇了摇头。智者把手指上的金戒指摘下来扔到石子堆里，问她："你能找到我的金戒指吗？"唐莉很肯定地回答："能。"

智者接着说道："你不能像一块金子那样耀眼夺目，又怎能要求别人将你从石子堆中识别出来呢？"

生活中，每个女人中难免会遇到很多不顺心的事，如果你总是斤斤计较不能坦然面对，或抱怨或生气，不仅改变不了事实，最终还会伤害自己。

隔壁的王大妈住院了。问其原因，很简单，就是因为和其他同事相比，她比别人少发了几百元的奖金，因为生气而犯了老毛病被送进了医院。

"你说这公平吗？我和别人干一样的活，况且我也没有偷工减料，凭什么得到的奖金比别人的少？"事后，她还忿忿不平地抱怨道。

这位王大妈的行为确实有点得不偿失。我们都知道气大伤身的道理，生气的成本是昂贵的。动辄生气、发火，不仅于人无益，而且对已无利，既伤害了别人，也在惩罚自己，我们又何苦做这种不合算的买卖呢？

一个聪明的女人并不是只知道一味埋怨、生气的弱者，她们会在生命的困境表现出一种不让须眉的从容，生气不如争气，她们比谁都懂得这种豁达的人生智慧。

一个 10 岁的小女孩随着家人来到纽约观光游览。就因为黑色皮肤，他们全家被挡在了白宫门外，不能像其他人那样走进去参观！这令这位小女孩感到羞辱，于是她说道："早晚我会在那座房子里工作的。"

从此，为了实现这一目标，小女孩数十年如一日，付出超过他人八倍的辛劳，发奋学习，积累知识，培养才干。她不仅熟练地掌握了母语，还精通俄语、法语和西班牙语；考进了美国名校丹佛大学并获得博士学位；26 岁时已经是斯坦福大学最年轻的教授，随后又出任斯坦福大学历史上最年轻的教务长。她还曾获得美国青少年钢琴大赛第一名。此外，她还精心学习了网球、花样滑冰、芭蕾舞、礼仪，白人能做到的她要做到，白人做不到的她也要做到。天道酬勤，她终于成功了，昂首挺胸，堂堂正正走进了白宫，成为美国历史上第一位黑人女国务卿——赖斯。

生活中仿佛有太多的理由让我们生气，让我们抱怨，但是生气能解决问题吗？抱怨能让你摆脱现状吗？生气和抱怨能换回自己的快乐和满足吗？答案当然是否定的。我们说每个女人都应该是自己人生的建造者。既然生活是自己建造的，心情是自己营造的，就犯不着为那些琐碎的小事生气，而是用争气来证明给他人看，最终超越对手！

每一个人有生气的权利，但是我们尽量不去行使这个权利，那样会影响你生活的态度，最后伤得最深的也是你自己。最好的办法是化生气为争气，化愤怒为力量，鼓足了劲去证明自己，让别人对你心服口服。

8. 找到适合自己的发泄方式

女性在各年龄阶段所面临的压力确实是不可回避的事实。她们不仅承担着家庭压力，还有职场压力，以及人际关系压力、婚姻压力、孩子教育压力等诸多压力，由此而导致情绪上的波动，如急躁、抑郁等。

心理学和医学上都告诉我们，不良的情绪要及时将它发泄出去。而宣泄就是一种行之有效的方式。然而，宣泄并不是随意发泄，若方式不当，就会给自己或他人造成恶劣的影响。

"如果心情不好，就去超市捏捏方便面、饼干等包装食物发泄一下。"曾有一度时间，新浪、天涯等网络论坛中关于"捏捏族"的新闻引来不少网民的关注。

"捏捏族"是一个新出现群体，因为客观环境竞争激烈、主观心态调节不当，他们选择到超市"虐待"食品来宣泄情绪、释放压力。

像"捏捏族"这种揉捏食品的做法就属于行为宣泄的一种。但我们说减压可以选择语言沟通、体育锻炼等正当方式，但不应为了发泄而损害他人的利益。

现代社会，竞争日趋激烈，这给职业女性带来了更大的压力，而为了我们能以更好的状态来迎接以后的挑战，女性朋友们要学会在适当的场合，用合理的方式发泄自己的情绪。而每个人的个性不同，发泄的方式自然也就不尽相同。下面列举了常见的四种方式：

（1）以聊天的方式倾吐不满情绪

在 2000 年 7 月份美国心理期刊发表的一个研究报告表明：女性在面对压力的时候，最需要的是来自爱人的支持，和来自家人和朋友的关心。因而，当你产生负面情绪时，不妨可以将你的烦恼向好友诉说，以"竹筒倒豆子"的方式全部倾吐出来，心里便很快没有了疙瘩。这是一种最为健康有效，最为可行的发泄手法，不但见效快，而且没有致命伤。

（2）对物体倾诉

有时，我们想要倾诉心中的烦恼时，不一定要找自己的好友或其他人，如对着某一物体来说出心中的不满也是一种有效的方式。

香港著名歌手容祖儿在一次采访中被问及减压方式时，其中一个居然是对着马桶大喊："我好累，可不可以给我几天假，我想好好休息。"喊完之后就打开开水阀将它们冲走。她觉得这样的发泄方式很痛快，又不会伤害到他人。

（3）哭泣也是一种宣泄

哭是人类情绪的表达方式之一，如伤心时、委屈时、激动时我们会哭，同时，哭泣也是减压的一种方式。从医学角度讲，短时间内的痛哭，是释放不良情绪的最好方法，也是心理保健的有效措施。

据英国《每日邮报》报道，一名英国顶级的女律师，因不堪工作压力和职场性别歧视而精神崩溃。她的遭遇跟很多职场女性类似，必须要承受来自工作和家庭的双重压力。根据此消息，有心理专家建议，职业女性不妨用"哭泣"的方式来减压。

（4）懂得给自己更好的待遇

当你的压力很大或负面情绪高涨时，女性朋友们，此时，你应该要加倍呵护自己。如泡个热水澡，去散散步，和朋友去逛街或者安静下来看些书、欣赏音乐或做运动，只要你喜欢，你可以做任何让自己开心的事情。

概括起来一句话，情绪的宣泄不需要大的动作，也不一定要有资金的支出，适合自己的就是好方法。

9. 将心中的烦恼说出来

每一个人在一生中，都会遇到压力、烦恼等种种烦心的事，而女性又是更偏感性的一种动物，自然在生活、工作中可能更容易让自身陷入烦恼。

而现实中，有部分女性朋友心生烦恼或身感重大压力时，由于不会妥当处置或不善于释放，往往是闷在心中，独自"受委屈"，结果是压力越来越大。殊不知，久而久之，就会造成心理甚至躯体疾患。因为压力是与每个人的健康息息相关的。

小董凭借自己出色的工作表现，很快就升为部门的主管。可没过多久，她就萌生了辞职的念头，想找一个更好的平台。由于跳槽中自己把握不好，未被新公司接纳而失业，从而诱发长期积压在心中的消极情绪的爆发。主要表现在不出门与人接触，对未来失去信心，还整夜失眠。最后不得不去医院检查，结果诊断出是患了抑郁症。

心理学实践表明，把自己遇到的压力、烦恼对别人说出来，具有宣泄的作用。

霍桑工厂是美国芝加哥郊外一个制造电话交换机的工厂，该厂具有比较完善的娱乐设施、医疗制度和养老金制度等，但工人们仍愤愤不平，生产状况也很不理想。为探求原因，以哈佛大学教授 G.E. 梅奥为首的一批学者在该工厂进行了一系列实验。

在众多实验项目中，有一个"谈话试验"，专家们用两年多的时间，找工人谈话两万余人次，并规定在谈话过程中，要耐心倾听工人对厂方的各种意见和不满，对工人的不满意见做详细记录。

而这一"谈话试验"收到了意想不到的结果，霍桑工厂的产量大幅度提高。这是由于工人长期以来对工厂的各种管理制度和方法有诸多不满，无处发泄，"谈话试验"使他们将这些不满都发泄出来，从而感到心情舒畅，干劲倍增。

这就是心理学上所提及的著名的"霍桑效应"。作为一种宣泄途径，把憋在心里的牢骚和不满说出来的确可以缓解压力。很多事例也印证了这一点。

电影《欲望都市》讲述了 4 个女人的友情。她们虽然年近四十，却仍然是单身一人，于是她们个个都在努力寻找自己的真爱，然而现实却让她们一次次落空。幸好她们有要好的闺蜜，遇到烦恼和挫折时，她们彼此倾诉，彼此安慰，凭借友情的力量，她们继续向着自己的理想前进。

而有些女性朋友性格内向、不善言辞；或者虽然有知心的朋友，但是却不想让他人为自己的事烦恼，类似这样的情况，她们该如何吐出心中的"垃圾情绪"呢？

电影《花样年华》里，梁朝伟把"树洞"当做倾诉秘密的方法。80 后小伙张宁从中得到启发，将该创意成功移植到了网络上。通过向网友们提供大大小小的虚拟"树洞"，让"压力山大"的都市人倾诉秘密、抒发隐痛、宣泄情绪，带动了一个"树洞产业"的蓬勃发展！

我们建议广大的女性朋友，有了烦恼最好能说出来。这个倾诉对象可以是自己信赖的人、也可以是某一物体。说出自己的烦恼，可能对方无法帮你解决问题，但至少可以让你发泄一下，能起到平复你内心情绪的作用。

10. 留给苦难和困境一个优雅的微笑

现实生活中，我们必定会面临随时而来的苦难和困境。这是我们所无法控制的，但我们却可以控制面对苦难和困境的态度。当工作上出现了差错，当同事之间出现了矛盾，当朋友背叛，当爱情遇到了第三者，当婚姻陷入冷战……我们是逃避还是勇敢面对，完全取决于我们自己，而做怎样的抉择则会对今后形成不同的生活趋向。

逃避不是最好的选择。如果无法扭转局面，我们不如勇敢地去面对，对苦难和困境给予优雅的微笑。只要我们依然可以坦然自若地微笑，输的便不是我们，因为，苦难和困境并没有压倒一切，我们依然勇敢。

一位作家曾写道："快乐是一种角度，从这边看是痛苦，换一边看未尝不是幸福。被刺到手时，你的快乐是因为它没有刺到眼睛。"看待苦难和困境，我们同样要换个角度。如果你觉得生活中满是阴霾，诸如爱情的不如意、工作的不顺心、朋友的不理解，那么我们千万不要灰心，微笑着告诉自己，苦难只是一时的，美好的生活在不久的将来。

苦难和困境可能使心志不坚定之人陷于怨恨、愧疚和消沉的情绪中而不能自拔，甚至完全屈服于逆境。但对于内心从容、强大的女人来说，苦难和困境会成为激发她们潜意识中不肯屈服的坚强力量。所谓"艰难困苦，玉汝于成"，只要在逆境中做到不气馁，不玩物丧志，对自己有信心，那么就有勇气面对今后生活中的种种磨难。

人生就像天气一样时常变幻莫测，不顺利的事太多了。例如，在工作中受到了上司的批评后，会让我们情绪低落；在生活中被别人误会，我们会感到难过和委屈；在仕途中遇到不顺时，我们会怨天尤人，消极至极。

不可否认，当这些出现时，不仅会影响我们的情绪，使精神低落，还会严重打击我们面对生活的勇气。于是，我们害怕置身黑夜成为悲剧，也害怕看到阳光下的阴影，其实无论是悲剧还是阴影，只要我们有微笑的勇气，一切都不成问题。

海伦·凯勒出生在一个富裕、快乐的家庭中，但不幸的是她又瞎又聋，只能在无声无色的黑暗中徘徊。然而海伦·凯勒却在老师的帮助下，克服了身体上的残疾，以惊人的毅力面对困境，用勤奋来寻求心灵的光明，经过她的努力和坚持，最终以微笑战胜了人生道路的坎坷，创造了人类历史上的奇迹。

海伦·凯勒的成功不是依靠他人的同情和怜悯，而是经过她的努力得来的。她经历过许多的困难，从小时候命运带给了她苦难，让她陷入困境，到后来在努力学习中遇到无数挫折，但她却勇敢地用微笑坦然面对坎坷。也正是因为她有着他人无法相比的坚强，所以才能打败接连不断的磨难。

如果我们时刻保持一颗乐观的心，那么无论遭遇到什么，都能用微笑来面对，坦然接受，生活还是会一样的幸福美好。如果你中了苦难与困境的"圈套"，轻易屈服，不再相信生活的美好，那你会对一切世事充满消极的忧虑，整日生活在不安之中。

而心态淡定、内心坚毅的女人，时时刻刻都保持着灿烂的笑容，乐观地看待人生的起起落落。这样一个女人，就算面对再猛烈的打击，依旧能够快乐地摇曳在阳光下。

11. 如果生米已经煮成熟饭，那就好好享用吧

著名的哲学家威廉·詹姆斯曾说："真心诚意地接受眼前的现实吧！接受所发生的事实是克服不幸结果的首要步骤。"

然而人是脆弱的，有些女人无法面对那些不能挽回的事情，因而往往陷入悔恨的泥沼中无法自拔，没有信心和勇气再面对今后的生活，使心中的怨气久久徘徊，常常自怨自艾、自我谴责，甚至做出一些不理智的行为自我伤害。

与其如此痛苦地折磨自己，不如睁大眼睛好好看看你的脚下，那双脚依然在支撑着自己，站着迎接每一天的到来。开心或者不开心，自己还活着，那么为什么要带着忧伤、焦虑去过每一天呢？

杨熙珍美丽、善良，而且继承了一大笔的财产。然而更难得的是她很有才华，是个诗人。在杨熙珍和陈国结婚后，很多人认为她葬送了自己的幸福。以杨熙珍的资本，完全可以嫁给一个各方面都很优秀的男人。陈国除了聪明，几乎没有什么优点，粗俗、怪癖、待人冷漠、家境贫寒。

但奇怪的是，被所有人不看好的婚姻，却成了后来人们津津乐道的一段佳话。

杨熙珍一直陪伴在她丈夫的身边，静静地看他从事自己的写作生涯，之后他又当上了一所中学的校长。当陈国一步一步走向成功，成为很多文学青年心中的楷模时，杨熙珍依然保持对丈夫的淡然自若。

杨熙珍放弃了成为企业家的梦想，陪着陈国来到了偏远山区居住。她这样做只是为了能够有更多的时间陪在他身边，让他在幽静的环境中创作。杨熙珍完全过上了一个平凡妻子的生活，缝缝补补，体贴地照顾着丈夫的起居。

陈国渐渐成功了，而且还拥有了一大批忠实的读者。后来，有些闲言碎语总是时不时、有意无意地传入杨熙珍的耳朵，但她对此似乎没有做出任何的反应，依然做着一个平凡妻子所应该做的事情。杨熙珍最值得赞扬的美德是她从未想过要去改变丈夫的个性，即便环境曾带给她各方面的压力，她也只是像个小女人一样，依偎在丈夫的身旁。

有人提醒杨熙珍要她想些办法，别到时候后悔，而杨熙珍总是笑呵呵地说："如果我硬是将丈夫变成一个热情洋溢的绅士，他就不再是我的丈夫。"

杨熙珍的内心就像湖水一样平静，她将大众的议论当做是生命中不可或缺的过渡，将人生中的不如意当做平凡生活的小插曲。

我们往往不去珍惜现在所拥有的，而是一心想要得到那些不容易得到的，这无疑是人生最大的悲剧。我们应该学着接受眼前的事实，即便不是我们想要的结果。懂得满足，才能发现当下我们该珍惜的其实有很多。如果执意对那些发生的事情耿耿于怀，只会让你的心灵忍受煎熬，从而获得不快乐。

既然事情已不可挽回，就停止毫无意义的伤脑费神。虽然一些错误还有挽救的余地，而有些则只能让它随着时间渐渐远去，无法挽回。面对那些改变不了的事实，我们应该淡然处之，不强求。纵使悔恨，那就在冷静的悔恨中悟出道理，这样才不会在悔恨的丛林中迷失方向。

或许我们也需要简单地反省自己。但反省的目的，不是让你纠缠于过去，而是要你将目光和身心放在当下。我们没有必要因为一些小过失而终生悔恨，倘若连这样的胸怀都没有，恐怕我们一辈子都将笼罩在不幸中。如果事已至此，根本无法弥补，就应当机立断，汲取教训的同时别忘记告诉自己："真正的幸福不是将熟饭变成生米，而是好好享用香气四溢的熟饭。"

第五章

爱可以不纠结，
云水随缘且自在

　　对于女人来说，没有情感的生活是黑白的生活，女人在任何时候都一定要有感情的滋润。内心祥和沉静的女人，需要稳定的爱情，她们懂得真正的幸福和快乐不是风花雪月，不是激情四射，不是烟花绽放。淡定的女人要一份默然的情感，无声却有着深厚的穿透力！无需浪漫的承诺，只需要专注的眼神；不需要火红的玫瑰，只需要一杯淡淡的清茶。不生气的女人深知，女人的幸福不在奢华，而在于简单平凡。

1. 爱，不必太执着

很多女人在面对感情的时候很无力："为什么我付出得越多，却感觉他离自己越遥远?""我真的爱他，所以一定要他爱上我。"因为爱，女人陷入了一个自制的牢笼，渴望得到真爱而无法自拔地深陷其中。虽然有时明明知道那个男人的心已经飘离，但始终无法从容地放手，不甘心爱就此从手中滑过，而令彼此更加生气、痛苦，但最终却逃不离桥归桥、路归路的结果。

我们总是一相情愿地认为，缘分来了，他就是上天注定的真命天子，无论如何也不能错过。但却忽略了缘分是一种巧遇，不是追来的，也不是强求就能够得到的。追来的爱就像是买卖中的讨价还价，谈判的过程是刺激而令人兴奋、抱有希望的，但一旦价格定了，激情很快褪去，只剩下平淡。就算是做买卖，也要讲求个你情我愿，强买强卖行不通，最后只有不欢而散。

在我们的生活中，人来人往，有的成为朋友，有的成为恋人，有的只属于过路人，也许你对他来说只属于一个过路的熟人。爱，有时候更需要一种舍得精神，放下该放下的，你才会发现大海如此广阔，自己可以尽情地遨游，如此丰富多彩的海底世界，一定有一份最真挚永恒的爱等着自己去遇见。

从前有个女子，和未婚夫约好近期结婚。然而到那一天，未婚夫居然娶了另外一个人。那女子深受刺激，从此一蹶不振病倒了。

家人用尽各种办法都无能为力。眼看这个女子时日无多，刚好此时路过一游僧，他得知情况后，决定点化一下她。僧人来到那女子床前，从怀里摸出一面镜子让那女子看。女子看到在漆黑的夜晚，一条冷清的街道上，一个要饭的叫花子饿得几乎要昏厥。这时路过一人，看了一眼后摇摇头走了。又路过一个人，将手里的一个铜板扔在了他旁边走了。再路过一个人，她将手里的热馒头一点一点地喂到那个叫花子嘴里，直到叫花子吃完了她手里的馒头，再喂了他水喝，那个路人才离开。

瞬间画面转换，女子看到了未婚夫洞房花烛，当她未婚夫掀起盖头的瞬间，女子看到了那个新娘的脸，愕然了。女子不明所以地看着僧人。僧人解释道："那个在大街上快要饿死的叫花子便是你未婚夫的前生。而你是第二个路过的人，给了他一个铜板，所以今生你与他相恋，是他为了报答你的人情。但他最终要报答一生的人是第三个喂他吃馒头和水的那个女人，便是他现在的妻子。"

女子听完僧人的话，终于大彻大悟，也不再执着那原本不属于自己的爱，而是慢慢地恢复，去寻找那份属于她的真情。

缘分这东西的确令人感到不可思议，有首歌曲唱得好："不必烦恼是你的想跑也跑不了，不必烦恼不是你的想得也得不到，这世界说大就大说小就小，就算有你我前生的约定，也还要用一生去寻找……"

但在我们寻找之前，我们总是惶惑着，甚至不知道自己真正需要的是什么。

有时候抓住了一个你自认为会去深爱的人，把他当成救命稻草一样去珍惜。有的女人为了得到一个男人的爱，无所不用其极，甚至牺牲大半的时间去了解他，讨他欢心。但到头来，这个男人反而无情地离去。如此多的付出，换来伤心欲绝的代价，这让很多女人对爱望而却步，心灰意冷。

其实，我们不必为了那些失去的爱而痛苦，因为那些强求的爱并不是你此生的缘。收拾你的心情，不为那些伪爱而伤了自己。要知道，该是你的，早晚是你的；不是你的，痛痛快快地放手，潇洒离去，让彼此不会深陷纠结。

感情是种相互吸引的感觉。所以，当某个人有某种让你想接近他的感觉时，说明你想与之发生一段感情，不论是友情还是爱情，你都不能强求别人给你，只可以互相愿意地给予。

有句话说得好，"心急吃不了热豆腐"。感情需要慢慢来。在互相了解的过程中，你要时刻提醒自己，各人有各人的品位，萝卜白菜各有所爱，因此当你知道他不适合你的时候，就莫要强求，一切自有定数。这并非是要我们听天由命，消极等待。我们没有理由去强求任何人喜欢自己，更不能为了一己私欲去伤害别人的感情。

睿智、善解人意的女人讲求情爱随缘，这更是一种胸怀和成熟，同时也是对自我内心的一种自信和把握。懂得该放手时需放手，总能在风云变幻、艰难坎坷中收放自如，能够识别幸福的女人更懂得"一蓑烟雨任平生"的从容。当我们不再执着于爱，便拥有了一份随缘之心，就会发现，天空无论是阴云密布还是阳光灿烂，生活的道路上无论是坎坷还是通畅，心中总是会拥有一份平静和恬淡。

2. 流水有意才是爱

当我们遇到中意的男人时，你认为这是爱情，盯着他的闪光点说爱他的全部。单相思、暗恋、一厢情愿地付出，苦涩与期待让你痛并快乐着，或许仍旧有些乐此不疲。

他的优秀让你在面对他时而心跳加速，面红耳赤，可这并不代表爱神丘比特之箭射中了你。

一个男人纵有千个优点，但他不一定爱你。也许这是你永远无法说服自己去接受的真实状况，但是偏执地爱一个不爱自己的人，为了内心虚拟的爱情幻想心甘情愿地牺牲自己却让你离真爱越来越远。

"在天愿作比翼鸟，在地愿为连理枝。"这是我们向往并追寻的一种爱情，但毕竟只是"愿"，有了思念并不表示爱情来临。爱情不是一个人的事，心心相印的两个人才能碰撞出爱情的火花。

爱应是相互的。"落花有意，流水有情"才能塑造一段真爱的神话，才会让女人体会到什么是被爱包裹的幸福。

于丹璐第一次见到沈炟，就有一种强烈的感觉，她苦苦寻觅多年的人就是他！沈炟是一所高校的教授，他儒雅的气质、高大的身材、温柔的眼神，都很符合于丹璐的想象。尤其是他知识渊博、开明的思想深深吸引住了于丹璐。

于丹璐和沈炟慢慢开始交往。随着接触的增多，他们愈来愈深地感受到两人之间的默契。一天，他二人去唱歌，同时点了赵咏华的《最浪漫的事》。他浑厚的嗓音与于丹璐的甜美声线混合起来，有一种动人心弦的美妙之感。

沈炟是个事业心很强的人，工作起来常常废寝忘食。可是只要于丹璐去他家，他就会立即放下手头的工作，一心一意陪着她。

于丹璐全心全意地爱着他。他的一举一动，哪怕是一个眼神都令于丹璐着迷。而沈炟对于丹璐，也是百般地呵护和关心。只要他们在一起，于丹璐就像一只快乐的鸟儿，享受着他无尽的宠爱，直到成为沈炟的新娘。

只有当两个人彼此相爱，情投意合，爱情才会像身后的影子，与你形影不离。它是除去物质以及虚幻的真善美。白天因为彼此而阳光灿烂，黑夜因为彼此而难以入眠。在甜蜜中掺杂着诉不清的情愫，是无尽的美梦与相守白头的心动。

幸福是要两个人共同缔造的，当落花有意，流水含情，你才能体会到真爱的绝美滋味。只有他也深爱着你，就算刮风下雨，就算天上无月，只要你们彼此牢牢地牵着手，紧紧相互依偎，再黑的夜你也不会害怕。

3. 不要追求一个虚幻的完美

"要找就找像前男友那样的男人。"我们都有比较心理，感觉失去的永远是最美好的，然后按照那种感觉时刻提醒自己非他莫属。

爱情很美妙，可以让一个人整天都处在莫名其妙的欢笑中。当我们经历了一次又一次爱情的离别后，曾伤心，曾不甘，但时间却是最好的治疗药剂，慢慢地让伤痛淡去。当我们再次选择时，又会不由自主地想起前一段爱情的美好，尤其是前男友身上的优点。所以，很多时候，我们会按照对前男友的感觉选择新的爱情。无论沿途错过了多少风景，我们固执地只想找到那整片森林中的一棵树。

人不应追求一个虚幻的完美，更不能为它而错过了所有真实的季节和美丽。尤其是爱情，不要因为过去而影响现在。之所以认为前男友总是那么优秀，是因为当爱情失去后你记忆中残留的永远是他的好，让你心中有了新的憧憬，去按照这个目标继续寻找。如果非得去想，那就也想想他的缺点。想到了这些，你就不会觉得那个人最好。与其把精力放在对他的回忆上，倒不如用心去爱现在爱你的人，这样的你既得到了解脱又得到了幸福和快乐。

一天，莎菲尔与她妈妈在地里劳作，闲暇时她问妈妈什么才是爱情。她妈妈没有回答，而是让她去麦田里摘一株最大最黄金的麦穗回来，而且只能摘一次，一直往前走并且不能回头。

莎菲尔按照妈妈说的去做，结果她两手空空地回来了。妈妈问她怎么没有摘到。莎菲尔低着头说："妈妈你说的只能摘一次，而且不能回头走，当我看到了又大又金黄的麦穗时，总觉得前面一定还有更大更金黄的等着我，可是我越走越觉得没有之前看的好，走到最后一株也没有摘到。"妈妈笑呵呵地告诉莎菲尔这就是爱情。

有一天莎菲尔又问妈妈什么是婚姻，妈妈让她去树林里找一朵最美丽的花，摆放到屋子里去。同样地只能摘一个品种，可以是一把，向前走不能回头。莎菲尔照着妈妈说的去做，当她回来的时候，手里拿着一把普通的小花。妈妈问她为什么摘这么普通的花回来，莎菲尔答道："有了上次的教训，当我走过一半的时候，看到一片盛开的白野花，我怕错过，所以就摘了回来。"妈妈含笑地告诉莎菲尔这就是婚姻。

知道如何争取幸福的女人，不会去空等那虚无缥缈的幻想而浪费掉自己的青春。世上之人千万种，有很多要比以前的那个他更优秀，所以放下心中那有些不切实际的想法，不要再错过周围爱你的人。

4. 有些人你永远不必等

"等我，我会回来娶你。"一个简单的等字，却让很多女人为此付出一辈子最灿烂的年华。是啊，你那时候疯狂地爱着他，但是他或许是为了事业，或许是为了解决一些其他的事情，他或许给了你很多爱的承诺，他或许发誓今生只爱你一人，他或许……或许你爱他已经到了无法自拔的地步。但他唯一能给你的只是等待，你为爱而痴醉，你憧憬着美好的未来，所以你心甘情愿地为他等待。

但是，你的青春却等不起啊！你真的有把握他会自始至终在遥远的某个地方爱着你、念着你、想着你?

一个男人，如果真的爱着你，就会准确地告诉你需要等多久，而不是无止境地一拖再拖地让你等下去。如果他真的在乎你，就不会让心爱的女人傻傻地望着门口，直到容颜老去。所以，当一个男人告诉你，等到他功成名就或等到他回来的时候就娶你这样的话，我们不要完全当真，因为并不是每个男人都值得你等待。

严露与她的男朋友是初中的时候就认识的，彼此一直互相喜欢，直到两人进了同一所大学，关系才确立。毕业后，他们都找到了工作，通过双方父母的帮助，很快过上了有车有房的生活。但是他们却一直没有结婚登记，严露提出结婚以确立他们之间的关系，但是她的男朋友商量都不商量就果断地拒绝了。理由很简单，时机不成熟，眼下要以事业为重，有了成功的事业才能给严露美好的生活。严露为这句话感动得几乎哭泣，再也不提结婚的事情。

两年过去了，她的男友已经有了自己的一家小公司，却又借口公司正在稳步扎根的发展期，最是关键，如果稍有差池还是不能给严露幸福。这一句话又让严露等了三年。可是她男朋友现在却又出国开始发展，这一等又要多少年啊，而严露已经33岁了。

真正爱你的人不会放心让你等待，因为他也会担心因长久的等待而失去你。所以，当你觉得自己已等得无止境，但你觉得他似乎不再在意你的去留，毅然决然地放手吧，别为那些人浪费了自己的大把青春，这些人真的不值得你去等。

放手，即便他挽留，也别再将希望放在他身上。因为一个只会说让你等待的男人并不是真的爱你，今天让你等，那今后你永远只有等待。幸福的女人不会为了一句遥遥无期的诺言而付出自己的半生，错过身边更多爱着自己的好男人。与其守着一句空话，不如挥手说拜拜，去寻找真正能给自己幸福的男人。

5. 再爱，也不要失去自己

爱情丢了，人去缘散，但心中的痛却无法愈合。因为太爱，不甘心就此分离，很多女人为了挽留，宁愿自己千疮百孔，也要让感情完美而永恒。

当你背着满身的伤痛和滴血的心回到冷清而黑暗的家中，唯有冰冷绝望的泪与之相伴。你自怨自艾、自暴自弃，你的生活因此变得一团糟，甚至为了让自己不再去想，用酒精麻醉自己的神经，殊不知借酒消愁愁更愁。你望向天空，就连那些闪烁的星星也被认为是在嘲笑你，你大笑地说着你输了，认命了。可这一切又能解决什么？在男人转身离去的那一刻，你绝望到底，从此消沉下去，你一遍遍地怀念他的好，觉得失去了他像是失去了整个世界。

醒醒吧！爱或许已经走远，但你失去的不是全部，只是一个人，一个不再爱你的人，一个给你留下满心伤痛的人，而现在已经是陌路。何苦为了不值得的爱而失去自我，一再堕落？你即便再如何自虐，那个他也不会回心转意。

范晓曦与滕伟波是在网络上认识的，那时候范晓曦刚好失恋，正是感情最脆弱也最低迷的时候，而滕伟波的出现彻底虏获了范晓曦的心，让她重新活跃了起来。

后来两个人见了面，彼此也很合意，便开始交往，慢慢地范晓曦完全沉浸在滕伟波的关爱与呵护中，不得不说，他确实是一个很会照顾人又很细心的男人。

范晓曦以为自己遇到了一个好男人，便毫不犹豫地对他付出了真心。当两个人同居了许久后，范晓曦敏感地察觉出滕伟波的不对劲，直觉告诉她滕伟波还有另外一个较好的女朋友。而事实上正是如此。当范晓曦知道这一切后，已经爱眼前这个男人爱得无法自拔，但事实告诉她，这个男人不值得再继续爱下去，便毅然决然地离开了。但是范晓曦却为此伤心欲绝，很久也没有恢复过来。

因爱受伤而一度颓废的女人，有的不会再对爱抱有任何的希望，反而将爱看成一场不用花钱的游戏，慢慢地，用堕落的心态看待人生，不再相信爱情。或许时间是疗伤的最好药方，但是，为了那段不是真情的爱而让自己长久地置身痛苦中，对我们的伤害是巨大的，无论是身体还是精神。为何不问问自己，这一切到底值不值得？

在这个世界上，没有谁离开谁活不下去。你照样可以像平常一样吃饭、工作、睡觉、交朋友、游玩……所以，把那句"没有你我活不下去"的话收起来。我们不是爱情的乞丐，不需要别人的同情和怜悯，这只会让我们丢失最后的一点尊严。

曾经沧海难为水，既然无法挽回，何不潇洒一些和过去告别。同一个风景看多了不如换一条路线，你会发现原来世间还有如此多的美景是被自己忽略的。渐渐地，你看多了新的风景，旧的伤痛也会随之消散，不需要你刻意忘记什么，但那新的视野和随之而来的开阔心情却积极主动地遣退了回忆，使他淡出了你的新世界。忽然有一天你会发现，曾经耿耿于怀的那个人，已经很久没有再出现在记忆里。

所以，无论曾经爱得多么疯狂，爱得多么如痴如醉，都不要迷失了自己。一个失去自我的女人，就像冬天里的一棵树，光秃秃的只剩下皲痕满目。而幸福的女人，会适当地调节自己，即便遇到再大的感情挫折，也会昂首挺胸地活着，不仅证明给那个离去的男人看自己活得很洒脱、很精彩，还能赢来人生情感的新起点，也让自己变得更坚强。

6. 爱需要付出，也需要索取

当遇到真爱，我们往往会不计回报地付出，认为付出了才能牢牢地拴住爱情，义无反顾地去做自以为能够给对方幸福的事情，却忽略了爱的体现是双方而非单方。

如果我们对自己的爱进行随意、任性地操作和处置，就会导致难以预料的恶果。爱情是平等的，要两个人共同经营，单方面的付出会使爱情天平失去平衡。

林怡在众多朋友不支持的目光中选择了周杰做男朋友。很多人将这看做是鲜花插在了牛粪上，只因为林怡家境富有，相貌可人，是难得的清丽佳人。而周杰不高不帅还很穷，缺点多得很。林怡并不嫌弃周杰这些，反而认为自己这样的千金小姐跟着他，他应该脸上有光而且将自己视为上天恩赐一样千般呵护万般疼爱。况且她向家里要了钱，帮助周杰弄了家小公司，他更应该对自己感激万分。

而事实却恰恰相反，林怡全心全意地爱他、取悦他、照顾他，周杰却转身爱上了别的女人。

林怡苦思冥想，不明白她的付出为何换来这样的结果。周杰没有理由选择别人。

爱情不是居高临下的恩赐，也不是要你做出多大的牺牲，而是彼此心与心的牵绊。只有做到了心灵的尊重和平等，抛去外在物质的权衡，才能让你爱的人体会到你对他的重要性。

爱是付出，但也需要索取。裴多菲笔下的爱情："我愿意是急流，山里的小河，在崎岖的路上、岩石上经过……只要我的爱人是一条小鱼，在我的浪花中快乐地游来游去。"这首诗里反映的爱情既是付出，又是索取：

小鱼的游动给急流、小河增添了活力；小鸟之于荒林、常春藤之于废墟、火焰之于草屋、夕阳之于云朵，莫不如此。由此可见，在你"奉献"自己的同时，也让爱人"回应"自己。

玉珍的老公得了癌症，当同事听到她在电话里向自己的老公提各种各样的要求时，都感觉她很无情。没想到她却说："他刚生病那段时间，我什么也不许他做，只希望他在剩下的时间里好好活着，可是他却对我说他觉得自己这样像废人一样活着也没有什么意思了，不如早点去了的好。我不能就让他这样离开，他做的红烧肉我还没有吃够。从此我像往常一样让他为我做事，慢慢地他精神好了很多，脸色也红润了起来。那时我才明白，爱一个人不仅是付出，更需要被对方需要着。他总是笑呵呵地对我说，当他离去的时候，要为我做好几道菜放在冰箱里。我知道，他希望自己被需要，而我能做的就是给他这种幸福。"

假如你真的爱一个人，那么你一定让他感觉被你所需要着。被人需要是一种幸福，因为爱，所以才一个劲儿地索取，爱一个人，就要给他爱你的机会。

但爱与被爱从来就是互动的，如果只是一味地付出却没有回报的爱本身就是一种失衡。海伦·杜卡斯在《爱因斯坦谈人生》中有一句话："请学会通过使别人幸福快乐来获取自己的幸福。"与其说这是一种单一的付出，不如说这是通过让别人幸福而索取自己想要的快乐。

爱不要只执着于付出，你同样需要被人爱，在爱情中你有要求被人爱的资格。

7. 当爱变成折磨，不如潇洒地走开

有人说爱情就像一片草原，碧水蓝天，草绿山青，到处放牧着成群结队的牛羊。可很多时候爱情就像山路十八弯，有时云遮雾绕，充满了神秘，却波折不断。

爱让我们彼此紧拥，爱得越深，抱得越紧。可有时我们又像刺猬，抱得越紧，伤得越痛。原本美好的爱情，以为不需要再投入太多，但是当爱像漏沙一样慢慢流逝，拼命地付出，却终将伤痕累累。

生命中再珍贵的人也是过客，有缘不代表有分。当缘终将结束，我们能做的又是什么？把感情化为一种责任、负担，还是互相之间的折磨？可为何想到的只有这么多，却不曾思量离去能带给我们什么？

电视剧《仙剑奇侠传3》的尾声，大家历尽艰辛，终于消灭了魔剑仙之后，蜀山上，紫萱和长卿受到掌门的指点，领悟真正的爱是成全，决定饮下忘情水，彼此忘记三世的生死纠缠，不束缚对方的自由。忘情湖边，紫萱用竹叶舀起忘情水，深深地望了长卿一眼，然后用袖子遮住，饮下，对着长卿亮一亮竹叶；长卿慢慢把竹叶凑近唇边，一口饮尽。然后两人对望，浅浅一笑，转身离开，没有谁回头。一段记忆有三生那么长，到最后却要用一杯水去遗忘。

走着走着，紫萱落泪了。原来她用袖遮面的时候，手晃了一晃，把竹叶里的忘情水晃落，再作势喝下。

走着走着，长卿并指，点了一下喉间，吐出在紫萱面前饮下的那口忘情水，水落地的瞬间，沧桑盈满眼。

放弃，是对爱情的另一种成全。既然始终得不到或者很痛苦，那么不如就选择让他（她）成为回忆里的一个过客。因为爱如果让彼此内心煎

熬、辛苦，不如彼此都解脱。

"春花秋月何时了，往事知多少?"就让爱随风而去。当一切成空，收起眼底的泪水，不要让对方为你的不舍而心存愧疚，泪水挽留的最终结果只是双方都痛苦。

王可欣的男朋友爱上了别人，她曾祈求那个男人不要放手，也曾跪在那个女人面前要她退出。但是她的委曲求全却换来那两个人的冷眼旁观，她不得不离去。然而失去了爱情后，王可欣总是落落寡欢，会莫名其妙地为了一部戏、一首歌、一句话而泪流满面，看到别人青春洋溢、和谐美满的生活，自己总觉得孤独、寂寞、失败，总觉得天塌下来了，自己一个人生活没有意义，失去了生命的价值与意义。

不是因为你脾气偏犟，也并非你不善良贤淑或经常无理取闹，更不是因为你做错了什么，而是他对你已经没有感觉，你已经淡出了他的心。所以如果对方不再爱你，就请放开。强求得不到真幸福，强求只会让你们彼此更痛苦，只能将原本的伤口拉大加深。

智慧聪明的女人知道爱情不是永恒不变的，所以当爱情变了，该放下的时候毅然地放下，不再执着。真正地放下爱情，你的心犹如平静的湖，还可以向对方潇洒地道一声珍重。当痛苦被驱逐，你才能收获快乐与幸福。

8. 不是他抛弃了你，而是他失去了一个爱他的人

他转身离去的那一刻，你彷徨、无助、绝望，仿佛世界陷入一片黑暗。你一再地告诫自己，没有他你活不下去，所以你委曲求全，苦苦哀求，想尽一切办法想要挽回他的心，甚至不顾尊严地穿梭在他的世界里。有时爱情就像一场烟花，虚幻而美丽，但转眼稍纵即逝。在烟花升空时，

你们相遇；在烟花绽放时，你们相爱；在烟花幻灭时，你们离别。

爱情里没有对与错的分割，过去他的确是真心地爱着你，但现在他不爱是真的不爱了，无须理由，所有的理由也只是借口，即便勉强在一起也会痛苦。一味固执地认为他残忍地抛弃了你，斩杀了你们的爱情，到头来只是你一个人不快乐。要知道，他的离去并没有带走属于你的任何东西。

一位老伯在悠闲地散步，突然听到远处传来抽泣声，循声过去看到一个女孩在抱头痛哭，老伯慈爱地问她为何如此伤心。

那女孩头也不抬地回答："我失恋了。"

老伯听后哈哈笑道："幼稚的孩子啊！"

那女孩听到仿佛嘲笑的声音，气愤道："别以为您年纪大就可以嘲笑我！没看到我正伤心吗？"老伯摇摇头说道："我没有嘲笑你。孩子，是你在自己嘲笑自己。"

那女孩听了不明所以，老伯接着解释道："你一个姑娘家在这里哭哭啼啼，可见你真的很爱那个小伙子。虽然你还爱着他，但小伙子心里已经没有爱了，不然你们也不会分手。爱依然住在你心里，并没有失去啊，你失去的只不过是一个对你已经毫无感觉的人。孩子，回家去吧，你应该庆幸这个不爱你的人没有过多地拖累你，让你得到了自由。而该伤心的是那个小伙子，他不仅仅失去了你，更失去了一个一心一意爱他的人。"

女孩听了老伯的话，破涕为笑，道谢后坦然离去。

爱情没了，的确令人感到痛苦，但我们更应该像老伯说的那样感到庆幸，因为你只是失去了一个不爱你的人，一个不会带给你幸福的人。或许你依然爱他，很爱很爱，所以不甘心放手。然而他离你再近，心也远在天涯，无论你怎么努力也到不了他的彼岸。

他不爱了，放手了，所以，请你也不要折磨自己。学会坦然面对感情的得失，如果你选择坚强接受，你们的结束只是宣告他并非你的未来，或许在他的心里，还会留下些许的遗憾。因为你并没有失去你心底的爱，而他却丢了一份原本最真诚、最宝贵的感情。

陈嘉怡深深地爱上了他，他长相一般，但是很阳光，很自信、稳重，而且有极好的修养。长这么大，有无数的男人追求过陈嘉怡，她从来不知道自己有一天会主动爱上一个男人。

陈嘉怡认识他半年了，接触了三四个月。一开始他们只是简单的同事关系。可是随着她对他的观察，越来越觉得自己喜欢他。朋友鼓励陈嘉怡勇敢地表白。她去了，他没有拒绝她。陈嘉怡欣喜万分，但是仅仅一个星期，陈嘉怡觉得他和她之间隔着什么。

后来他告诉陈嘉怡，他以前的女朋友仍然在和他联系。陈嘉怡怕干涉得太多，让他心生厌烦，所以也就忍气吞声下来。可后来她知道他的前女友已经结婚，他甘愿做她的情人。陈嘉怡更加无法忍受，既然答应了要交往，也确立了关系，这又能算什么呢？陈嘉怡不断地联系他，希望他可以全心全意地爱自己，然而他只是几句话敷衍了事。后来他干脆给陈嘉怡发来信息说分手，并且不再回复，也别找他。陈嘉怡伤心难过，觉得自己就这样被莫名其妙地抛弃了，自己却依然无法停止对他的爱。

当你对他不再重要，就是你从他的生活中消失的时候，立刻离开他，骄傲地过属于自己的生活。不要因为不被爱而痛苦，你依然保留着心底爱的记忆，爱自己爱的人本身就是幸福的，你可以记住过去的美好，但不要让它充斥现在，因为一切都是一去不复返的。

如果非要将爱情分个胜负，那么恭喜你，你赢了，你赢得了一次新生。所以我们更应该学会感谢，感谢他陪你走过的岁月，感谢他留给你的一份记忆，感谢他让你学会了坚强，感谢他没有拖累你一生。

活得坦然些、自信些，把最美的微笑留给伤你最深的人，用自己的洒脱让他明白失去你的爱是他的损失。缘去缘归来，爱如行云流水，总会有一朵云、一滴水为你停留一生。最爱你的他还在未来等待你的靠近，快乐地告别过去，珍惜眼前或未来你爱的人和爱你的人。

9. 女人需要爱自己

很多女人一旦嫁作他人妇，就会全心思地去爱自己的丈夫，甚至爱他所爱的全部。根本不考虑那个男人是不是也会全心思地爱自己，只会一味地付出爱而不求回报。原因只有一个，丈夫是她今生唯一的最爱，而他所爱的家人、朋友，她也要像他一样地爱他们。在所谓的爱面前，女人总是很容易把自己迷失。

露菲同好友聚餐的时候，从不喝酒。当旁人说些苛刻的话来刺激她的时候，她总会说当家的不让喝，然而她真的就一滴也不喝。无论做什么，她总是左一个当家的说了算，右一个当家的不许，对她的男友简直百依百顺到了极点。

而露菲的男友长得确实有些帅气，但不是很阳光，有些木讷，谈吐平凡，气质修养都一般。露菲虽然不算漂亮，但绝对是个清纯又善良体贴的女孩子。有次她男友感冒，她紧张得一夜没睡，不停地给他弄柠檬水喝。

很多人都提醒露菲别太宠着他，有时候也得让他宠着她一些。但是露菲却说她男友太优秀了，不宠他不行。因此，露菲将自己的爱全部奉献给了那个男人，却从来不关心自己到底想要什么，自己还缺什么。

女人总是爱得太多，爱父母、爱老公、爱孩子，但女人同样也需要爱自己。挤一点时间给自己，想去哪里旅游就去哪里，看自己想看的书，喝自己想喝的咖啡，逛自己爱逛的超市、商场。给自己一个机会，找三两个知己，给自己的心灵时不时来次解压。

有人说："用三分之一的心思去爱一个男人；用另外三分之一的心思去爱世界和生活本身；再用那剩下的三分之一心思来爱自己。只有这样做的女人，才不会辜负自己的一生，才会在遇到坎坷与挫折的时候把伤害降到最低。"

心态淡定、睿智的女人会时时倾听自己的内心，诚实地面对自己真实的感受和欲念，明确地知道自己想要的，不曲意承欢，不委曲求全。她们知道只有这样爱自己，才能体会到爱的真实意义，才有能力去爱一个男人，保证双方在"爱的河流"中不受伤害。

爱自己是一种责任，我们只有一直妥善地保护自己内心的纯净，才能抵抗太多的诱惑和堕落。这样我们才能做到将真诚、纯洁、干净的爱赋予自己所爱的人，同时也能保证自己的家庭和事业都向着好的方向发展，这才是真正的幸福。

生命将赏赐你什么，必然会成全你，不需要等待。当我们开始爱自己，了解到自己也会累、会痛、会难过、会无助，也希望得到关爱，这时的我们便不再苛求，更不轻易妥协。告诉自己：自信些，勇敢些，让思想和血液流动得更快一些，有计划、有步骤地去做自己，活出自己的本色。

爱自己的女人才能真正做到人比花娇，始终美丽，像空谷幽兰，更像暗香浮动的芙蓉。女人的美丽源于对自身的爱。希望有一天，你会用很响亮的声音对自己也对别人说：没人爱你没关系，你爱你自己，你爱这个世界，世界因你而精彩！

第六章

执子之手，
在平淡的流年里守候幸福

　　真正内心淡定的女人是能够在平淡的流年守候幸福的。对每个女人来说，一生中都会经历一次浓烈的爱情，但那样的日子总归是短暂的，人生更多的该是平淡的日子。当繁华来了，我们不骄，当繁华褪却，我们不躁，始终以一颗平淡的心去面对世间万物，得意时不忘形，失意时却又不过于悲观，如盯我们才能领略到繁华处的精彩，亦才能在平淡中体会生活的真实美丽。

　　"执之之手，在平淡的流年里守候幸福"，并不是一种消极的处世思想，是阅尽沧桑后的醒悟，是了然于胸的大度，是不以物喜，不以己悲的超脱。做一个这样的女人，便可以放下心中的一切不甘，获得无比洒脱的人生！

1. 既能风花雪月，又能柴米油盐

多数女人对爱情都有一种浪漫的憧憬，渴望自己与爱人成为童话里的王子和公主，在幽静的夜晚赏月观花，卧看牛郎织女星。带着这样风花雪月的幻想，我们纷纷踏入了婚姻的殿堂，接着就要过一种柴米油盐的现实生活。那种山盟海誓、吟诗作画、赏月观花的浪漫爱情太过理想化，而婚姻中的爱情已经融化在了生活中：共同买菜做饭、擦地洗碗，休闲时为对方捧来一杯香茶，出门前嘱咐一声"注意安全，小心身体"……这些全部是爱的体现，真的很简单。婚姻中的爱已由誓言转化成了行动，是责任，虽然平凡甚至烦琐，但一饭一粥的温暖直逼心底。真正幸福的女人，既能经得住风花雪月的诱惑，又能受得了柴米油盐生活的侵蚀。

但我们有时是盲目的，太过于在乎表面的形式，羡慕罗曼蒂克的爱情，不甘心默默地做一位柴米油盐的家庭小女人。尤其是成为妻子的你婚后发现男人身上的缺点多多，而原本浪漫甜蜜的恋爱生活变得平凡枯燥而乏味，你开始埋怨，开始为这平凡的柴米生活而心烦意乱。

茉莉跟严朗本是同事，后来严朗生病，茉莉出于同事的关心出面照顾他。严朗被这个细心而又温柔的女孩子打动了，便开始了频繁的交往，慢慢地两个人彼此深爱对方，后来步入婚姻的殿堂。

但没有谁的爱情是一帆风顺的，外向的茉莉与内向的严朗很快发生了性格上的冲突。今天争吵、冷战，明天赔礼道歉，周而复始。茉莉知道严朗懒惰，但没想到婚后严朗对家务却是不闻不问，丝毫不体会茉莉工作一日后还要处理家务的辛苦。

等到茉莉生日，茉莉提前告诉严朗她什么生日礼物也不要，只想让他做一顿晚饭。当然严朗硬着头皮答应了，他也的确一个人在厨房里忙碌，但鱼是煳的、汤是咸的、菜没放盐，简直糟糕到了极点，最终茉莉的生日以一碗面条打发，可是严朗连面条做得也那么难吃。茉莉虽然很生气，但出于他初次下厨也就不过多地埋怨了。

周末早晨，日上三竿了严朗还不起床。茉莉很生气，所以早饭只炒了冬瓜，叫严朗吃饭。但严朗本来就最讨厌吃冬瓜，所以很不高兴地起床后没说几句话就甩门出去吃了。

茉莉越想越气愤，为了一盘冬瓜就跟自己赌气，不由得一边刷碗还一边哭，嘟囔着这日子没法过了，还声明等他回来就谈离婚。后来她将自己的事情告诉了好友，本来只是想让她们同情同情，结果她们反倒埋怨茉莉的不是，说大周末的也不给自己老公做顿好吃的，简直就是虐待。茉莉想想似乎自己做得确实不对。

茉莉想通了之后，不再生气，买了很多菜回家。当她进家后以为走错了门，家里光亮整洁，沙发上原来的脏衣服也没有了，再看餐桌上的碗筷也都干干净净的。这时严朗带着围裙从厨房里走出来，笑呵呵地为她拎包。茉莉惊讶地看着眼前的男人，说不出话来。严朗挠挠头说："亲爱的老婆，我早晨不该发火，你那么辛苦照顾我的饮食起居，作为丈夫的我从此要洗心革面，重新做人。"茉莉扑哧一声笑出来，指着桌子上的碗碟问冬瓜哪里去了，严朗拍拍肚子说全到胃里了。茉莉眼中湿润了，什么也没有说就同严朗到厨房一起做饭。

要知道，我们是平凡的普通人，过着普通的日子，每天都要面对一日三餐。

有这样一种说法：胃离心最近，胃和谐了，心也就幸福了。我们无法阻止追求浪漫爱情的权利，但再浪漫的爱情之花，也要在平实的生活土壤之中结果。

有的人追名逐利，崇尚名车、别墅、豪钻，认为那些华丽的东西才是塑造幸福生活的必需品。可追了许久，却没能追求到具有神圣而理想爱情的婚姻。回过头来，才发现生活中已经过去的扯扯绊绊才是夫妻间的爱情产物，最真实。

家是什么？家就是柴米油盐酱醋茶，我们从中品味生活的酸甜苦辣咸，而幸福就在其中。所以真正的生活不是那些不食人间烟火的仙人过的隐居生活，而是融入平凡中，在那些细微的生活琐事中发现快乐的味道，爱自己的生活，爱自己的家，爱丈夫，爱身边每一个关心你的人，真正幸福的女人是在柴米油盐中也能露出快乐微笑的女人。

2. 真正的爱，经得起平淡的流年

"既然没有感情了，那就分手吧！"有多少女人在听到这句话的时候而落泪，又有多少女人为说这句话而心碎。

"我爱他三年了，然而他现在不爱我了，我真的好痛苦，我不能没有他。""爱一个人真的好难，分手就在嘴巴的一张一合之间结束。""为什么爱得越久会让我越痛苦？如果爱情总是这样短暂，总会让我受伤，那么我宁愿从此不再爱。"每天都有情侣分分合合，每天都有家庭离离散散。

很多女孩子在经历了感情的波折后，总会偷偷地问自己："既然爱情总是这样短暂，那我还能相信爱情吗？"要相信，因为真正的爱情是不会轻易说分手的，唯有真爱才经得起平淡的流年，不会随着时间的冲击而消失。

巧姿和张华杰在大学时候相遇，那时候，他们两个是大学里人人称道的爱情模范情侣，两个人形影不离。然而毕业后张华杰要去国外深造，巧姿恳求他别去，为他留下来。但是张华杰告诉巧姿，等到他有足够的实力，有能力给她幸福的时候，他会回来，只要她未嫁，他就会让她当他的妻子。为了这句话，巧姿一等就是 4 年，她从 26 岁等到了 30 岁，她还是失去了他的联系方式。但她不后悔为此丢失青春和容颜，她相信爱情，相信张华杰会回来娶她。

然而又过去了两年，依然没有张华杰的任何消息。巧姿的朋友和家人都劝说她不要再等了，他肯定是已经在国外定居并且娶了一位漂亮的外国姑娘。还有很多人说她疯了，为了一个不值得的人等到中年，然而巧姿却说她还会继续等。虽然追她的男人很多，但是她从来不会给任何男人机会。

又一年过去了，巧姿无论再怎么保养，眼角终究还是长出了细细的鱼尾纹，但她仍旧为了张华杰而单身。直到有一天，当她坐在单位的餐厅里吃饭时，突然手机响了。她随意地喂了一声，对面却没有声音，等到她不耐烦了要挂，突然那边传来了她等待 7 年的声音。

"傻瓜，辛苦你了！"

巧姿忍了 7 年的泪水终于在这一刻决堤。她哭着一句话也说不出来。身后是一个人重重的喘息声，她不敢回头，或许这一切只是幻想，当一个人从背后将她拥入怀中，她知道，她的爱回来了。

等待 7 年的时间，或许一切都已经变得平淡无味，但是，真爱除外。爱情没有期限，同样，步入婚姻的爱情也是没有期限的。

现实生活中，婚姻里的两夫妻被柴米油盐酱醋茶和一些鸡毛蒜皮的事情牵绊，这是对两个人是否真正相爱的考验。在一起的时间越久，彼此不再注意对方身上的优点，而是开始挑剔彼此的缺点和毛病。了解得越多，越会发现原来他和你想象的完全不一样，如果放到婚前，你或许根本不会跟他结婚。时间真的过去了很久，彼此对之间的感情不再那么依赖，而是渐渐地平淡。

很多人认为，之所以平淡是因为没有爱，爱随着时间的磨合而消失。这时候不同的人会做出不同的选择：一种是既然没有了爱，没有了激情，还在一起只会在今后制造更多的矛盾，所以选择分手。而另一种是就算爱没了，也不能轻易地分手，因为一个家庭是建立在爱的基础上的，最起码两个人曾经爱得很甜蜜，所以不会让那份甜蜜成为不能回忆的历史。

其实即便婚姻让爱情变得平淡，但是，两人之间的爱是不会消失的，爱只是换了一种形式。有人说是变成了亲情，要知道，亲情是血浓于水的存在，是不可分割的。尤其是当一方遇到磨难的时候，这样的爱，会成为温暖彼此的伟大力量。

真爱永恒，轻易说分手的爱不是爱。所以为爱受伤的你要收起自己的悲伤，擦干脸上的泪水，去寻找真正的爱情吧。或许道路是坎坷的，但是要相信有一份永久的爱在等待着你的到来。

3. 与其空念旧时燕，不如怜取眼前人

分手后你还依然爱着他，尽管已经分手，但是你无法忘记他，你的脑海中总会出现一种幻想：他或许还爱着你，就像你每天想念他一样牵挂着你。这样的想法让你很痛苦，你试图不去想，却无法控制。

我们无法做到快刀斩乱麻，爱人已经离去，却依然觉得是藕断丝连。他的好、他的坏，他对你的宠爱和怜惜一遍又一遍在你脑海里重复播放。时间越久，你发现自己越不能割舍。仿佛将自己锁在一座暗无天地的空房子中，大门紧闭，你完全活在追忆里。有人试图敲门，你却不予理会，连看一眼都不愿意。

有人说过，爱情就像黏合起来的玻璃杯，他离开了，玻璃杯已经破碎，无法愈合，无法再盛一滴水。爱情就像断弦的吉他，任你如何拨弄，也无法再奏出美妙的音色。然而你不死心地守住无法恢复的破碎，只能让你在孤独中苦苦煎熬。

云朵与丈夫离婚，最主要的原因是他有了外遇。云朵只希望自己的猜

测是假的，她爱自己的丈夫，不想失去这个温暖的家，然而当她看到那个第三者以及私生女的时候，云朵彻底绝望了，虽然有过质问，但是丈夫却狡辩说："没做亲子鉴定，怎么能胡乱说那是我的孩子？"

云朵想过就这样忍气吞声地过，但是丈夫的行为越来越过分，居然当着她的面和那个女人通电话。后来云朵无意间翻看丈夫的手机，发现一条短信上面写着："爸爸，安安好想你。"

云朵终于无法忍受，与丈夫离了婚。但是，离婚后，云朵依然无法忘记与丈夫生活中的种种，有快乐，有辛酸，有一起打拼的煎熬，有不离不弃的陪伴……

云朵身边一直有一个知己好友，但谁都看得出来那个男人其实很喜欢云朵，只是因为她有婚姻，所以那个男人一直默默地当她的贴心朋友。现在云朵虽然离婚了，但那个男人却依然没有向她表白，只因为云朵一直将自己封闭在与她前夫的过往中。

曾经很爱很爱，却也因爱而生恨。最终分手，虽然过去了，却还爱着。真的很痛苦，就像不断在自己的伤口上撒盐，很残忍，却不断重复。

有时候我们应该问问自己，为何要对自己如此残忍。明明很受伤，却还要将伤口不断撕裂扩大。我们应该学会忘记，忘记那些不必重提的往事。那些过往的人不值得再回忆，无论你再如何痛苦，他也不会看到。回忆会成为你人生的累赘，蒙蔽你的心。对自己说声"要欢笑"，因为你已经脱离了那份痛苦的纠结，重获自由。他的离去只不过带走了一段人生的小插曲，让幸福重新来临，珍惜身边拥有的。

陈子涵与自己的男友分手时，潇洒地挥手。在转身的那一刻，她看到了站在背后陪她一路走来历经风雨的男人。她微笑地挽起他的手说："别再默默地站在我的身后，你眼里的爱我全部都懂。现在我已无牵挂，你是否还愿意与我执手白头？"

那个男人颤抖地捧起她的脸，说："愿意，一百个一千个愿意。"

陈子涵与那个男人真诚相爱，彼此手牵手，一起吃着冰激凌在马路上散步，一起进入厨房准备彼此的爱心餐点，一起去江边看日出，一起哼着喜爱的歌曲……虽然生活免不了磕磕绊绊，但是陈子涵爱着眼前这个时刻包容她的男人，而这个男人总是时时刻刻呵护着她。

晏殊在《浣溪沙》中写道："一向年光有限身，等闲离别易销魂，酒筵歌席莫辞频。满目山河空念远，落花风雨更伤春，不如怜取眼前人。"

如果你懂得珍惜，你会发现你将获得的越来越多。我们相遇，是缘分，不要在爱情失去后，才想到去珍惜，在茫茫人海中找到一个自己心仪的、相爱的人不容易，也是多么大的荣幸。

生命就像一场旅程，我们都是路人，边走边欣赏路边的风景。当我们在某一刻驻足回首，身后的一些足迹已经消失在视野之外，而身侧却一直有些脚印在陪伴。看着身后那些还存在的脚印，心中或许会升起些许伤感。对于以往，偶尔地怀念一下，反而多出一丝了然的微笑。将目光锁定在身旁，这才是你能够牢牢抓紧的。

幸福的女人不会为了那一去不复返的过往折磨自己，那只会错过太多身边关爱自己的人。与其抱着悲伤将自己打上封条，不如珍惜身边的人，继续谱写幸福之歌。

4. 真正的幸福在诱惑之外

婚姻是女人最向往的幸福殿堂。在童话故事里，当王子牵着公主的手在家人和亲朋好友的祝福下向上帝宣示，彼此终身不离不弃，相伴到老，那一刻是多么地幸福，从此王子便深爱着公主，这一生又多么地幸福。而当一些女人怀着对童话般的幻想去做一位幸福的妻子时，她才知道，童话只能是童话，永远无法成为真实。

婚后，女人扮演着一个妻子的角色。一开始时两个人甜蜜恩爱，但时间久了，彼此的情话和一些小情趣越来越少。反而还会为了一些琐事起争执，甚至必须要一方低头。久而久之，一些女人内心便感到莫名的空虚，她觉得自己的丈夫很不理解她，根本不知道她想要哪种生活。尤其是当丈夫出差的时候，本来已经变得平淡无奇的生活，更增加了女人内心的寂寞感，她很渴望能有一个人来解读她内心的苦闷与艰涩。

董莉是一个职业女性，而她的丈夫曾经是个军人，转业后做了一年小生意，但是因为选的项目不太好，最终赔了。之后她的丈夫在亲戚的鼓动下去了广州打工。一开始董莉和她的婆婆苦口婆心地劝他别去，但是她丈夫是个守信的人，一旦答应别人的事情就没有回头的余地，于是他这一走就是一年。刚开始的时候，董莉并没有什么感觉。但时间久了，她开始埋怨。她是个正常而且健康的女人，需要一个正常的家庭，更需要男人的疼爱。虽然她丈夫每个月都会给家里打电话，但却依然两地相隔。

渐渐地，董莉开始恨他不能给他一个温暖的家，后来和他谈判，如果再不回来就离婚。她的丈夫虽然一直在外，但却很爱董莉，因此也没有怨言就回来了，但是为了养家糊口，不到两个月就又走了。本来答应她等年底算完账就会回来，可是却又说公司离不开他，这一下又是一年。董莉真的受够了这种聚少离多的日子，她感觉自己真的好孤单，心里的寂寞让她终日痛苦。而这时她过去的一个大学同学来看望她。那个大学同学听了董莉的抱怨后，告诉董莉，他其实从大学的时候就爱上了她，但是后来因为她有了家庭，他只好将这份爱埋藏在心底。

他对董莉的这次表白让两个人开始频繁地来往，渐渐地董莉被他的深情打动，心甘情愿地被他"俘虏"了。

虽然董莉心里对自己的丈夫有一种负罪感，但是那个男人能带给她快乐。因为他跟她有着相同的爱好和话题，他们在一起永远有聊不完的话，说不完的故事。

当董莉和她的同学发生着暧昧关系的同时，还会经常接到丈夫的电话。她的丈夫一说话便是对自己的自责和对董莉的歉意，这让董莉的负罪感更加深了。她懊悔自己的行为，却又沉溺其中无法自拔。

但她的丈夫终究还是发现了她的出轨，虽然他没有埋怨她，但还是提出和她离婚。董莉离开丈夫虽然有些难过，但是她也庆幸终于可以跟那个大学同学结婚了，但是当她拨打电话后却发现已经是空号。

是啊，情人会花尽心思地取悦你，说尽你想听的甜言蜜语。这也让你又恢复起谈恋爱时的羞涩，注重着装、打扮。这怎能不叫一个寂寞空虚的女人沉溺其中。然而，家庭与情人之间不可能持久地并存。如果婚外情被发现了，那很可能意味着一个家庭的破碎，而情人是否会愿意娶你，这也是个很大的问题，尤其是他如果有家室，那概率微乎其微，这将使你变得一无所有。假如始终没有被发现，你内心对丈夫的愧疚会随着时间的推移而越发自责，甚至每日都生活在愧疚之中。

当你受不住寂寞的时候，当你想要再次回到情人的怀抱的时候，你不妨仔细地回想回想，你曾与自己的丈夫也经历过海誓山盟，他那时候费尽心思地逗你开心，每日打电话总是甜言蜜语，舍不得放下，早晨一睁眼就希望听到你甜美的声音。天气稍有变化就会提醒你多添衣服，注意身体……

丈夫给你的温暖、给你家的感受是情人所替代不了的，情人就像一个过客，他高兴时或许为你驻足片刻，可他一旦对你失去了兴趣，就会义无反顾地离开。因为寂寞而走到一起的两个人，最终会因为寂寞而分开。而爱情是一份承诺，家庭是共同见证承诺的开始，它储蓄着你与你丈夫生活中的点点滴滴。当你回忆时，你会发现，原来那些小磕小碰都是那么美好，所以不要在婚外情中迷失了自己，最后丢掉自己一生的幸福。

5. 在平淡的婚姻里体味爱情的甜美

"我的爱情就这样破灭了吗？"结婚之后，很多女人开始哀叹，过去的甜蜜已经烟消云散，仿佛爱情真的被扼杀在婚姻中，婚后的生活并不像幻想得那么美好，反而被吵架、冷战、互相埋怨充斥。

当我们暗自无奈，爱情在婚姻中渐行渐远时，往往把原因归咎于那个把自己带入婚姻的男人。形影不离地接触，让你开始发现原来在你心中那个近乎完美的男人其实有很多的小毛病、小缺点。也因为他，让你不得不在工作之余处理那些繁杂的家庭琐事。

你无法忽略他那些不好的行为，例如臭袜子随处丢，你不得不跟在他屁股后面捡；烟头到处都是，你不得不天天趴在地上擦地板；吃完饭后，他抹抹嘴巴走人，你不得不收拾残局……这就是婚姻，这就是生活，而恋爱时的甜言蜜语，已经在婚姻的钟声敲响后隐退了。他不再像过去一样每天发一条爱的短信；不再问你累不累、渴不渴；不再去接你上下班；等到冬天，不再是他给你暖被窝，而是你给他暖……"婚姻是爱情的坟墓"，你也许会这样认为。

一对年过五十的老夫老妻，家里经济条件很好，正是安享晚年的时候，却突然离婚。最主要的原因是，两个人自结婚以来的二十多年里，从未停止过争吵，不是意见不合就是看彼此不顺眼。办完离婚手续后两天，一个很要好的邻居请他们两个吃饭。服务员端上一盘松鼠鱼，那位老先生拿起筷子夹起一大块鱼肉放到他前太太的碗里，那位老太太生气地说："你就是这样爱自以为是，从来不顾及别人的感受，我从嫁给你的那一刻起就告诉你我讨厌吃鱼，你难道从来不记得吗？"

那位老先生很爱妻子，所以离婚后不久就后悔了，打电话给妻子。那位老太太一看是他打的电话，从来不接。然而过了几天，那位老先生因为心脏病突发而死在了卧室里，去世时他紧紧握着电话筒。

那位老太太整理遗物时，在他的枕头下面发现了一张保险单，而起始日期就是他们结婚当日，受益人是她的名字。老太太翻看着单子，突然一张字条滑落，她拾起来看，上面写着：亲爱的老婆，当你看到这张保险单的时候，或许我已经离去，我爱你，从看到你的那一刻从未停止过，我悔恨不能够陪你一起走完剩下的人生，我唯一能够给你的就是这张保险单，就让它代替我继续给你爱吧！永远爱你的老公。看到这里，那位老太太抱着保险单坐在床边痛哭起来。

相爱容易相处难，现实的爱情不一定有惊天动地的举动才叫精彩，感情也并非一定要有山盟海誓的承诺才算真爱。真实的生活有时是很琐碎、冗长和沉闷的，在生活中会有很多机械式的重复。

爱情上始终有灰尘，恋爱时候的女人如不细细体味，只知道享受索取，灰尘会很轻易地被忽略。一旦步入婚姻，则开始认真品味两人之间的生活，这时灰尘已经很厚很厚，爱情被掩盖，所以很多女人看不到爱，只剩下满心的抱怨与指责。

当我们开始指责婚姻时，应该明白这不是婚姻的错，是我们对爱情和婚姻的理解有误，是我们对婚姻中爱情的熟视无睹。爱情并没有消失，婚姻中的爱情存在于散乱的生活细节中，它需要我们用心去感受。所谓细微之处见真情，信任、理解和包容才能创造出幸福婚姻。

有一段时间，韩雪看老公怎么都不顺眼，总为一些小事横挑鼻子竖挑眼，憋了一肚子的怨气，无处发泄。如果说给别人听，怕丢人；说给长辈听，怕他认为韩雪到处去告"黑状"，无奈只好自己独自消化。

终于有一天，彼此都忍不住，于是开始恶语相向。时间久了难免会伤及感情。一次偶然的机会，朋友邀她去旅游，可当时她正和老公处于冷战阶段，所以写了一封邮件把心里想说的话发给老公。

两天后韩雪发现自己的电子信箱里躺了一封邮件，竟是老公发来的，韩雪不由得乐了起来。老公在邮件中历数了韩雪一周来所犯的种种错误，比如下班回家太晚，某晚上的菜太咸，上厕所从来不关灯，没洗发露从来不买，等等。韩雪也不甘示弱，给老公回了一封邮件，写了他几天来所犯的几大罪状，比如忘记了结婚纪念日，情人节还外出也没有电话，在路上看到美女就多瞟几眼，睡前不洗脚，等等。这样痛痛快快地说出来，韩雪心里舒畅了很多。

等到韩雪回家与丈夫在门前相遇的时候，两个人反而盯视着对方哈哈大笑起来，所有的不快乐瞬间烟消云散。原来这些小细节也会是如此可爱。从此，互发邮件说出对方的种种不是成了他们的小习惯，渐渐地，由不满变成了夸赞，生活中更多了许多的甜蜜。

婚姻由两个成长背景、性格不同的人组合，要长期地维持良好的关系实属不易，意见不合也是难免的。但是只要懂得好好经营，当婚姻碰到红灯时停下来，查出问题所在，进而修缮，不要苛求他的完美，以宽容谅解的心看待婚姻，就不至于到更糟糕的地步。

一位哲学家说过："丈夫只要懂得称赞妻子的旧衣漂亮，她就不会吵着买新衣。亲一下她的眼睛，她就会变成瞎子。吻一下她的嘴唇，她就会变成哑巴。"换位思考，妻子多称赞丈夫的优点，他会表现得更加优秀。温柔地抱他一下，吻一下他的嘴唇，就会起到润滑剂的作用，让生活更和谐，让他更依赖你的柔情。

多赞美、体会对方的好，婚姻并非爱情的坟墓，而是爱情最好的归宿，是幸福的延续。葬送爱情的不是婚姻，而是我们的粗心大意、散漫、苛求与贪婪。让我们经营好自己的婚姻，像冬日盛开的梅花，芳香四溢，不畏寒冷。只要我们努力，爱情之花就会美丽地绽放。

6. 女人别因吃醋而丧失了优雅

"现在才回来，你看都几点了，说和谁约会去了？"丈夫到家，妻子就开始不停地审问丈夫一天的行踪，查看他衣服上是否有其他女人的头发或者香水味，翻他的手机，检查有没有陌生的电话号码和肉麻的短信，甚至当遇到他与异性多说几句话就醋意横生。

唐太宗李世民因知道房玄龄家中有悍妻，房玄龄对其唯命是从，疼爱臣子的李世民便要赐给房玄龄几名美女做妾，然而房玄龄不敢收。房玄龄的妻子知道唐太宗要赐给丈夫妾时，坚决不同意。于是唐太宗派太监持一壶"毒酒"传旨房夫人，如果不让房玄龄接受这些女人便把毒酒喝下。然而房玄龄的夫人面无惧色，接过"毒酒"一饮而尽。可酒到嘴里方知味道古怪，李世民哈哈大笑，怪不得房玄龄惧怕悍妻，连他这一国皇帝都有些惊讶，原来她是在"吃醋"。而事实上，李世民给的并非毒酒，而是醋。于是"吃醋"的故事传为千古趣谈。

女人爱吃醋，最主要还是因为女人的多愁善感，依赖心极强，越爱一个人的时候越是在乎，只希望他独属于自己。当一个女人无微不至到将整颗心交给男人时，因为爱得太深，固然对男人比较紧张，见到丈夫和哪个女的天高海阔地海聊说笑，心里会非常不高兴。丈夫若同一个女士去逛街了，并且还很年轻漂亮，她内心会委屈。尤其是对一个男人起疑心，在查问的时候，只要发现男人稍微有走神，便会立马打翻一坛子醋，言语尖酸刻薄，泪流不止，呼天抢地，甚至还寻死觅活，找他家人评理，去他单位和领导大吵大闹，最后弄得他在亲戚朋友面前抬不起头，在工作上得不到别人的信任，身败名裂。

吃醋，是对感情的占有欲太强，酿造得越久，腐蚀性越强，有很大的破坏力。

《射雕英雄传》中黄蓉因吃醋动过修理穆念慈的心思，《天龙八部》中阿紫吃阿朱的醋就想要从中作梗。看来"吃醋"真的是害人不浅，它可以让一个原本善良的女人变得心胸狭隘，修养全无。

女人"吃醋"原本是出于对丈夫的在乎，是爱的表现，可到最后却变成了恨。女人动不动就醋意大发，对男人在外界造成人格上的侮辱和事业上的绊阻，男人终有一天也会被酸得牙痛和胃抽筋，而不得不退避三舍、逃之夭夭了。不得不说这对婚姻更是有百害而无一利。

当然，这并不是让女人杜绝吃醋，这是不可能，也是没有必要的。生活中，偶尔吃点醋，还能增进彼此的感情，它能让对方感受得到你一直在深深地爱着他，不管外面是狂风还是暴雨，你从未远离过。

幸福的女人，不会因为吃醋而无法控制自己做出一些不理智的行为，而是"吃好醋"，不仅宣泄了内心的醋意和不满，还不会让男人丢失丝毫的面子，同时也润滑了彼此的感情。而所谓的"吃好醋"就是要学会调情。例如当你看到自己的丈夫和一个年轻漂亮的女士很聊得来时，你可以微笑着倾听，不必插言，深情挽着丈夫的胳膊，或者为丈夫面前的杯子添茶，当丈夫偶尔看你的时候，对之甜蜜一笑。这样他只会觉得你温柔体贴，善解人意，同时也让对面的那个女人明白，你们非常恩爱。或者当丈夫晚归时，无论他身上有多么浓重的酒味，你先对他说："亲爱的，回来了。"这会让男人的心如释重负，然后你再撒娇似的关心询问他在外的情况，为他清理一身的酒气，熬姜汤，这不仅让男人更加依赖你，你还得到了自己想要的答案。

所以"吃醋"要"吃好醋"，它是调剂爱侣之间感情的最好润滑剂，偶尔调点儿小情，不仅可以避免因醋意带来的无谓争端，还更容易抓牢男人的心。

一个科学家说过："无论单身还是已婚者，几乎都会调情。无论是生物学还是文化因素使然，调情几乎成为人类的第二本能。"所以适当的调情无伤大雅，女人也不必感到羞涩，适当的调情能减少你与爱人之间的摩擦，增加彼此内心的信任度与情感依赖，是让男人爱你的不二法宝。

7. 在平淡的生活中感受幸福

"生死契阔，与子成说。执子之手，与子偕老。"这是一个多么古老而坚定的承诺，它承载着太多浪漫而美丽的传说。对于很多女人来说，爱多是对于浪漫的追求，如在生日的时候收到令人欣喜的鲜花，在工作了一天之后心爱的人骑车载你回家，在无聊的时候躲在树下与男友背靠背听风吹树叶的声音……是的，你认为这些场景充满浪漫的味道，让人无限向往，但这不过是对浪漫的部分理解，还有一种相濡以沫的浪漫。

有两位七旬老人一直生活在大山中，可老太太年迈体衰，身患重病，将不久于人世。但是老太太有一个心愿，在她年轻的时候经常去县城吃烧饼，那种满口留香的味道至今让她念念不忘。只是几十年了，她再也没有出去过。于是有一天，老大爷说要带着她去县城，老伴儿不同意，行动不便怕走到半路又返回来。可老大爷执意要去，经过一番软磨硬泡，老太太答应了。两个人一路搀扶步行着慢慢走向县城。两个人好久没有出大山，老大爷和老伴儿一边欣赏路边的风景，一边回忆年轻时候的光景，他们脸上始终流露着祥和的笑容。有时候碰到上下坡，老大爷都会背起老伴儿，就这样走走停停五个多小时来到了县城边的菜市场。

看着繁华的人群和街道，老大爷在老伴儿脸上看到了幸福的笑。找到卖烧饼的，两个老人围着炉灶用力闻着烧饼的香味，老大爷伸手指着两个芝麻多的烧饼让那卖家给包好，两个人搀扶着坐在旁边的台阶上吃了起来。

兴许那烧饼真的是人间美味，老太太大口大口地咀嚼着，虽然牙齿很无力，但是她吃得很认真。老大爷含笑地说："老婆子，慢点儿，咱回去的时候再买几个。"

老太太呵呵笑了两声，掰了一块儿喂到老大爷嘴里。老大爷捋了捋老伴有些凌乱花白的头发，说："跟我这穷老汉过了半辈子，啥也吃不上，下辈子可得找个有钱人家。"

老太太咽下嘴里的烧饼，说："咋啦，俺当初认定你了，你就跑不了，俺和你在一起就是为了白头到老。现在多好，还有个你能照顾我，等到下辈子，俺还能找到你。"

老大爷颤抖着手扶着老伴儿的肩，什么话也没有再说。旁边卖烧饼的大婶眼里噙着泪，眼里有着羡慕。

"我能想到最浪漫的事，就是和你一起慢慢变老，直到我们老得哪儿也去不了，你还依然把我当成手心里的宝！"这首歌唱出了所有人的渴望，触及很多追求爱情之人的灵魂深处。遗憾的是，有多少人能够放下名利地位、金钱的诱惑和生活中的磕磕绊绊，有多少人能认认真真地去经营自己的感情。

是的，平淡中才显浪漫。浪漫就发生在平时不经意的生活中，时时刻刻都存在着。当两个相爱的人能平安、快乐地度过每一分、每一天、每一年……直到生命的最后一刻，那才是不辜负来人间走一遭，是实实在在浪漫的事。

婚姻中总要经历风风雨雨，"打也打了，骂也骂了，吵也吵了，分也分了"，但来来回回还是要回到那个窝里，互相扶持着走向人生的终点。它的平常、平凡是真实的、真切的、细致的，是与千千万万普通人的经历、感受相似的、相通的。尤其是许多中老年人在其中看到了自己的过去，感受了经历过的岁月，引发起许许多多情感的回忆，才会发现轰轰烈烈的激情燃烧也只是历史的瞬间，凡夫俗子的平淡生活才是社会的常态。

那些花前月下，那些惊天地泣鬼神，那些轰轰烈烈，那些海誓山盟，只停留在爱情刚刚萌芽的年少时期，那时候的冲动只能成为短暂的回忆。真正的幸福、真正的浪漫经得起平淡的流年，经得起生活的磨砺，无论富贵贫穷都甘愿"执子之手，与子偕老"。

第七章

在忙碌的工作中优雅地穿越：
再累别让心太累

　　不生气的淡定女人，一定有自己独立的事业，无论丈夫是否可以负担起她的生活。这样的女人深知，经济独立是做独立女人的基础，女人不可以没有自己的事业！不生气的女人在任何时候都能够认真地投入到工作中去，将工作做到最好。她们对上不唯诺，对下不挑剔。不争强好胜，做好自己的本职，不争抢荣誉，并视之为过眼云烟。

　　有人说，"有人的地方就有江湖"，淡定的女人可以避开"江湖"上的险恶，因为她不在乎得与失。淡定的女人深知，女人的幸福来自于事业，事业虽然是女人生活中不可或缺的，但它只是生活的色彩，而非主题！

1. 女人要学会说"不"

"不"看似简单，但在实际生活中，却成了最难开口的一个字。很多女人因为感情因素或者时势所迫，从无法开口说"不"，因而在工作上也好，生活上也好，吃了很多哑巴亏。

我们总喜欢说"女人是水做的"，心软是很多女人的天性。因此，在工作上，面对同事或者领导的请求，几乎照单全收。但是害怕拒绝反会给彼此造成关系上的隔膜。同事之间互相帮助是好事，但是总不能什么都往自己身上揽，毕竟你也有工作，也会感到累，对于同事一些不合理的请求或者你无力承担的事情，就应该学会去拒绝。

柯卿正在整理手上的文件，突然手机响起，接通后一听那柔声细语哼哼撒娇耍赖的语气就知道是恬美。

恬美说："我可爱的卿卿宝贝，救救我啦，帮我编排一下明天的稿案，客户已经催了好几次了，我实在是没有时间啦，你也知道，谈恋爱对我这个剩女来说太重要了，我真的很喜欢陈睿，再错过了可能就真嫁不出去了。帮帮我啦，我知道你一向很心疼我的……这周六我请你去吃大餐，好不好吗？"

面对恬美糖衣炮弹的强烈攻势，柯卿再次妥协，虽然她今天答应老公要早些回家，一起庆祝儿子的生日，但没办法，如果不答应，恬美很可能生气，毕竟是同事，平时抬头不见低头见，关系僵了不好。不过这是多少次帮她做事了，已经数不清了。因为答应了恬美，所以柯卿直到很晚才回家。儿子已经睡觉，桌子上摆着吃剩下的半块生日蛋糕。柯卿心里充满了愧疚。看到房子书桌上的一个纸条写着：妈妈，你说话不算话。柯卿眼圈红了。

128

很多时候，尤其是在办公室里，很多女人都不愿意拒绝同事的请求，毕竟在工作中多一个朋友比多一个敌人要好得多。如果因为自己的拒绝而失去了良好的人际关系，恐怕连工作也没有心情。所以，这让很多女人疲于奔波应付，真是为难啊。

但我们也会从长久的应付中看到，因为没有及时去说"不"，往往会让那些初始找上自己的人越发得寸进尺，常常要求你、拜托你。或许你做这些事情对他不会造成什么损失，但对你造成损失的可能性要大些。

如果你答应了男友要去陪他，但同事却又要你帮忙，你不拒绝，放男友鸽子，恐怕这会让你们的感情出现裂痕。如果你已经很累了，而且手头上的工作还有很多，有同事请求你帮忙，你不拒绝只会让自己更加劳累……

学会拒绝，学会说"不"，你不是机器，也非神人，累了，倦了，或者有其他紧急的事情，只有处理好自身的事情，才有时间多帮助别人，所以不要害怕拒绝会给你的交际带来什么伤害。

当然我们要学会拒绝的方法。我们要先学会倾听，当同事对你提出请求时，不要急于否决，而是听他将整件事情讲完，这会让他知道你是真的有心想帮他，对他很尊重。当你真的无暇顾及或者无能为力的时候，委婉温和地拒绝是能够让对方理解的，简单地说一下你为难的理由，然后如果你有好的建议不妨说出来，对方也会知难而退，而不会对你产生不好的想法。

聪明睿智的女人将拒绝看做一门艺术，而最核心的原则就是一定要让对方感受到你的真诚和善意，从而获得他的理解。

除了面对同事，在生活上我们也要学会拒绝一些不太合理的请求。

有一首歌叫做《爱我的人和我爱的人》，歌中唱道："我爱的人为我付出一切，我却为我爱的人甘心一生伤悲，爱与不爱同样受罪，为什么不懂拒绝，痴情的包围……"这首歌唱出了许多怨女的无奈。

刘婷的感情出了问题，长久的交往，让她发觉男朋友并不适合她。这份爱情也从未让她体会到幸福的滋味，她每天都很迷茫，有时也会伤心流泪，总是偷偷地问自己路在何方。她想过分手，但是在众人的压力和男朋友的坚持下，最终选择了继续。

很多女人招架不住男人的软磨硬泡，明明不是很在乎对方，但看对方如此情深意切，心下一软不好拒绝，于是对自己说："凑合凑合就这样吧。"可也正因为这样，造成了太多的悲剧，也让一个女人最美丽的年华就这样浪费掉了。

当然，有些女人知道自己想要什么，所以也懂得拒绝，但是在方法上却有些欠缺。像"我配不上你""你有很多毛病""做朋友吧"，虽然这些都是婉转、很适用的拒绝方式，但是总会有那么些死心眼的男人，纠缠着人不放。"配不上"这句话不会让这种人彻底死心，他并不嫌弃，为了证明，还会加倍地努力追求。有毛病他愿意改，但实际上江山易改，禀性难移。但这时女人将面临两难的境地，人家改了你也未必就会爱上他。说不要，会被认为你耍着人玩，说话不算话。做朋友只是你一厢情愿的事情，男人只会利用这个身份继续接近你，反而把你们的关系弄得暧昧不清。当你了解身边就有这样一个固执的男人时，婉转地说"不"不会起到好的效果，只有快速果断地拒绝才行，不喜欢就是不喜欢，勇敢地说出来，俗话说"长痛不如短痛"，不要在他付出太多，将自己置身两难的地步时再说，这样只会让他痛苦，让你愧疚。

女人应该多为自己着想，懂得保护自己，为自己而活。你不需要为谁去牺牲自己，就算牺牲，首先要判断值不值得。无论是工作上还是面对爱情，不想做或者无暇顾及的事情就必须勇敢地说"不"。会拒绝的女人总是轻松快乐的。

2. 让自己从焦虑中走出来

现今什么都讲求速度，你比别人慢半拍便标志着你少了一些机会。因此快节奏的生活让很多女人整天变得紧张兮兮，既要承受工作的压力，也要面对家庭、感情等各方面的问题。面部表情除了愁眉苦脸便是强颜欢笑，唉声叹气似乎更能反映她们真实的内心世界。

紧张的生活让我们充满了焦虑：担心、害怕、压抑、疑惑、怨恨、苦痛……仿佛失去了自我，完全无法掌控自己。

海青有一个幸福的家，丈夫成熟沉稳，对她体贴又关心，两个孩子很健康，学习优秀，这让她完全放下了家庭的顾虑一心一意工作。同时她是个让大家羡慕的成功女性。

可是每逢跟家人外出旅游玩乐的时候，海青却感到筋疲力尽、心情烦躁，只想找个安静的角落一人独处。就这样，她的假期总是在昏昏沉沉中度过，错过了跟家人爬山、划水、踏青的好机会。

这也让两个孩子对她的感情日渐疏远，海青不明白原因，便去找心理医生。医生告诉她，这是由于长期处在紧张忙碌的工作下的反应，过度忙碌已经成了她的一种习惯。因此当她放松娱乐的时候就会感到疲劳。

由于长期的体力消耗，所以当我们彻底放下工作，大脑也会主动暂停工作，让我们进入彻底休息的状态，甚至放弃娱乐，出现萎靡状态。

医学界分析出：在紧张状态下，机体的自主神经系统就会发生一系列复杂的神经生理和生物化学反应，如会使心率加快、呼吸加强、肌肉收缩增强、血液中儿茶酚胺激素分泌增多等。而心理和情感上的压力，不仅会引起各方面的疾病，也会让你的容貌和身体提前衰老。

100岁的长寿老人道出他之所以长寿的秘诀："我在一生中从未匆匆忙

忙过。长寿的人都能够享受生活，并且对他人毫无妒意；他的心里没有任何恶毒及怨怒之意，他时常欢喜，却极少吼叫；他日出而作，日落而息；他喜欢工作，而且也知道如何休息。"

很多时候很小的事情都能让我们紧张不已，其实女人更应该学会放松，适时地让自己能够理性地面对现实，让自己用宽松平常的心态去面对身边的人或事。只有拥有健康的身心和愉快的情绪，才能拥有快乐的生活。

王舒扬在一家外企做销售，她从小就很文静，喜欢看书，大多数时间都是独处，最多也就约上一两个知心朋友饮茶聊天。后来她进了公司做起了销售助理，因为没有工作经验，又缺乏对工作的兴趣，她最初阶段做得非常辛苦。一次她去谈业务遭到客户的拒绝，对方根本不因为她是女人而有丝毫的怜悯之心。王舒扬开始有些慌了，心态本就平和的她快速地整理情绪，不停地在心底对自己说：别紧张，放松，放松。果然她的头脑变得特别清醒，将所有的事情理了一遍，原来她忘记了该公司的主打产品，被认为是骗子。王舒扬很快将该公司的主打产品以及那些丰厚业绩说了一遍，中间不忘赞赏公司的实力。很快她得到了客户的认可，成功地签署了她的第一份合同。

王舒扬有着清醒的头脑和乐观豁达的心态。一次的成功让她更能够轻松地面对今后的工作，她的业绩也因此直线上升，受到公司的器重。

不要紧张，不要总是劳碌奔波，也不要为了生活琐事而烦恼不已，忙里忙外。生活需要有节奏，有压力不妨先暂停一下，学着释放自己，将大脑清空，保持片刻的安静，想想愉快的事情，回忆孩提时的天真烂漫，长大后的海阔天空。或者到一个空旷的地方，大声地呼喊，告诉自己你就是你，没有任何事情可以压到自己。

幸福的女人知道如何享受生活，不会计较得失，不会将那些与生活无关的东西看得太过重要。学会洒脱地活着，漂亮自信的女人更受欢迎。而焦虑是扼杀女人活力、容貌、健康的杀手。因此，想要活得轻松自在，就要改变自己的心态，让幸福从云淡风轻的喜悦中腾升出来。懂得适可而止，累了小小地休息一下，你不会遗失什么。从容面对生活，只有这样我们才能够学会让自己的目光淡然一点，面对生活的得失时也更加坦然。

3. 分一半家务给男人吧

自古以来，人们都提倡男主外女主内的婚姻生活模式。然而，反观现今社会，光靠男人一个人挣钱很难养活全家人，所以，女人不得不进入职场打拼，像男人那样战斗，甚至不分昼夜朝九晚五地在职场摸爬滚打与人竞争，弄得身心俱疲。回到家后，还要洗衣做饭，擦地打扫房间……也因此，很多女人为了家务感到烦恼，最气愤的是，自己的丈夫却不理解自己，认为做家务是女人分内的事情。

他们认为系上围裙的男人是特别窝囊的男人，天天围着锅台转只会损伤男人的面子和尊严，甚至有些女人在要求男人做家务的时候，男人会毫不客气地说："你们女人真啰唆，家务是我应该做的吗？不知道娶你回来是干吗的吗？别来烦我。"遇到这样的男人，通常女人都只有暗自流泪的份儿，或者转变成争吵。

身为女人，我们有权利享有和男人同等的待遇，无论是工作上还是生活上。所以，必须让男人知道作为女人的辛苦，让他们心甘情愿地帮助你分担家务，要知道，幸福的婚姻需要双方的平衡。

有个女人嫁给丈夫之后，不仅要面对劳碌的工作，回家后还得收拾家。每当看到丈夫悠闲地坐在家里养精蓄锐的时候，她既生气又苦闷，但她的丈夫特别大男子主义，有一次她只是小小地要求他帮忙擦地，他却吼她做妻子不称职。

女人无奈，逼不得已祈求万能的神希望自己跟丈夫调换，让他尝尝身为女人的辛苦。神很快答应了她的祈求，让她的丈夫变成了女人，她变成了男人。

清晨，丈夫早早便起来做早饭，叫了无数次才把孩子们唤醒。孩子们在吃饭，他去整理床铺被褥，之后送他们去学校。回来后，去菜市场买菜，跟菜农砍价砍到口干舌燥，回到家里擦地，趴在地上用抹布来回擦，然后洗衣服，帮宠物们洗澡，趁太阳正灿烂的时候赶紧搬出被子来晒……

吃过晚饭后，孩子们一抹嘴各回各屋做功课，女人则悠然地半仰在沙发上看电视，他则忙着洗碗、收拾厨房、喂宠物、倒垃圾，之后去给孩子们讲故事，哄他们睡觉。等到半夜11点了，他拖着疲惫的身子坐到沙发上，女人已经嘴角含笑地呼呼大睡了。去叫醒女人，结果被她一脚踹出老远，还不耐烦地让他别管。他只好去卧室拿过被子给她盖上，又怕她从上面滚下来，只好在旁边打地铺挡着。

等到第二天起来，他已是腰酸背痛，看到女人走后把家里弄得乱七八糟，又不得不半跪半趴地开始清理。隐藏在暗处的女人看着丈夫如此，开始心疼了，悄悄地祈求神，说："万能的神，请您明天就让我们换回来吧！"

当第三天清晨醒来后，一切恢复如初。可丈夫一起床就发觉浑身酸痛，女人醒后为他捶背，男人告诉女人他做了个很奇怪的梦，说自己变成了一个女人，而且生活得特别辛苦。从此丈夫变得特别体贴，承担了一半的家务。

家庭的美满和幸福，需要两个人共同努力来维持。在婚姻生活中，做家务的时候记得让老公参与其中，不要只顾自己忙，而任由老公在一旁悠然自得地看书、看报纸，除非他工作很忙，否则，放下让他当家庭皇帝的念头。如果你是家庭主妇，家务非你莫属，就让老公付你工资，你每天为他收拾家务张罗一日三餐，也不容易，一定要他知道，为了这个家，你也在努力，让他不敢忽略你。

婚姻中的爱需要平衡，如果你因为宠他而承担起一切，当你在无力承担的时候再去支配，他已经习惯你的宠爱，而此刻你的行为会让他觉得是无理取闹。让男人分担你的压力是必需的，为那些倾斜的爱情寻找到一个平衡点，会让生活变得和谐自然。

好老公是需要培养的。一步入婚姻，我们就要给他们树立起家庭的文化观念，让他们知道新好男人是要懂得做家务的。我们身边并不缺乏那些模范丈夫，可以带着他去看看那些男人在操持家务上是如何让生活、让家庭更幸福美满的，要知道，男人一生追求的也是幸福。当你做家务时，可以撒娇示弱，比如说："老公，我头好痛啊，你能帮我把地板擦干净吗?"或者"老公，你忍心看人家的手越来越粗糙吗？我知道你最疼我了，帮忙洗两件衣服吧?"男人同样架不住女人的糖衣炮弹，况且他心底最在乎的始终是你。当他帮你打理好一切后，记得要高度地赞扬他，要以一种崇拜的语气或者夸赞，例如："老公，你真的好厉害，地板都可以当镜子用了，爱死你了。"或者说："哇，简直太好吃了，老公，没想到你的厨艺比那饭馆里的大厨做得还好吃。"

女人需要宠，男人需要哄，而幸福的女人不仅会让男人时刻宠爱自己，还会哄得男人心甘情愿分担一些生活上的琐事，将婚后的感情营造得更加甜蜜，让家变得更温馨。

4. 工作并不是人生的全部

生活带给我们各方面的压力，能找到一份薪酬高、有上升空间的好职业实属不易。有了一份不错的工作，更加不能放松自己，为了守住饭碗，不得不紧张忙碌地工作，为了完成任务不分昼夜，疯狂赶工。这样紧张而忙碌的工作让我们身心饱受摧残，但为了生活，却又无法停止。

张蓉正在电脑前赶制前些天经理安排的工作，一想到必须三天内完成，而手头其他工作也不能放下，张蓉就感到疲惫不堪。但也没有办法，她只能加速再加速。

就在这时，手机响了，盯着屏幕上一闪一闪的号码，张蓉立刻紧张得心脏怦怦直跳：经理的电话，难道是又要催她赶快交？张蓉接通手机，那边经理说："小张啊，前几天给你的工作快完成了吧？这儿有个紧急文件需要你整理，今年上季度的销售报告，整理好记得明天给我！辛苦了！呵呵……"刺耳的笑声刚停止，那头便挂了电话。张蓉苦笑地看着手头做了一半的工作，再想想明天要交的报告，一个脑袋两个大了，这不是要命啊。张蓉捶捶额头，脑子里乱成一团，简直要崩溃了……

工作紧紧张张，任务又接踵而来，直把人搞得头昏脑涨，根本安不下心。要知道，人的注意力是有限的，长时间高度处于紧张状态，高度集中，会引起身体与心理上的疲劳感。

一位教授提出过这样的建议：像心脏一样工作。过去，人们认为心脏之所以工作很出色，全在于它兢兢业业，不知疲倦，不分日夜地工作。这样的理解并不对，心脏如果不休息，会很快地透支健康，提前死亡。事实上心脏工作时是非常有智慧、有理性的。

白天心脏一分钟跳 66 次，每跳 0.9 秒，其中 0.3 秒收缩，0.6 秒休息。就是说 1/3 工作，2/3 休息，相当于我们的 8 小时工作制。到了晚上，每分钟心跳 50 次，一跳 1.2 秒，其中 0.3 秒工作，0.9 秒休息，心脏变成 6 小时工作制。

心脏不是无时无刻地工作，而是劳逸结合，善于休息是心脏的第一特点。正如列宁所说，谁不会休息，谁就不会工作。

工作是我们谋生的手段，尤其是身为女人，一定要有自己独立的经济基础，工作体现着一个人的生命价值和乐趣。但就像泰戈尔所说，"休息之隶属于工作，正如眼睑之隶属于眼睛"。"身体是革命的本钱"，健康是工作的基础，一定要注意劳逸结合，动静有序。古话说得好："一张一弛，文武之道。"

心脏是生命的源泉，它工作的时候从不拖泥带水浪费力气，更不日夜颠倒无纪无律。心脏工作时的跳动非常有节奏，绝不会华而不实，装模作样，把精力都用到刀口上。

一个女人有敬业奋斗精神是值得钦佩的，但一定要注意自我调节。在奋斗中，我们应该"出力出汗不出血，拼脑拼劲不拼命"，不仅要学会心脏有节奏地工作，劳逸结合，更要踏踏实实分清楚自己到底在做什么。

5. 女人要扮演好家庭中的角色

我们之所以总感觉疲惫，是因为忽略了一个简单的道理：工作就是工作，生活就是生活。如果你只把工作当成人生的目标，并且看得比任何事情都重要，无疑会让你陷入不能自拔的压力之中，把自己弄得一团乱。更糟糕的是习惯把公司的工作带到家里。

多莉一直有个习惯，喜欢将无法完成的工作带回家。每天一回到家，她便开始为尚未完成的工作发愁。如果孩子问她一些问题或者缠着让她讲故事，她特别不耐烦，甚至忍不住发脾气吼他们两句。晚餐之后，她总是板着面孔独自坐在书房里完成一些案头的文字工作，即便她已经累得疲惫不堪，也没什么工作效率，但她就是放不下手中的活。有时候脑子里乱得像一锅粥或者一片空白，她也不愿意离开电脑半步，不陪孩子温习功课，不陪丈夫聊聊天、说说话，甚至当孩子一而再，再而三地找到她后，她会像领导一样命令他们认真独立完成作业，禁止吵闹喧哗，尊重他人。久而久之，丈夫对她熟视无睹，懒得跟她套近乎，孩子见了她躲得远远的。整个家安安静静的，即便人真的不少，却很冷清。

"工作"与"生活"完全是两回事，我们应该用两种不同的态度来对待。家不是继续工作的场地，也不是施展统筹能力的地方。一位心理咨询师这样说："家是一个完全不同的地方，需要特别对待。你工作能力再好，也不要想当然地认为运用工作的那一套方法就能处理好家中的事务。如果你这样认为并且这样做了，你就把权力规则带进了家中。"

在工作中，我们扮演的是一个公司职员的角色，按照公司的规章制度行事，处理、解决一些问题，让自己最大限度地获益。而在家庭中，我们要做的只是真实的自己，按照自身内心的感受行事，目的是让自己的内心幸福，让家人幸福，彼此互相理解与接受，多一份关爱，多一份理解，多一份内心的平和，多一份温暖，多一份快乐。

同样地，因为工作而产生的一些低落情绪我们更不能带回家中。有些女职员因为在单位受了同事或者领导的批评指责，回到家后看什么都不顺眼，丈夫偶尔说句话都会火冒三丈，冲着他吵闹，还找来一堆不是理由的理由，甚至什么都不愿意做，一个人冷着脸待着。父母做好饭，叫几遍都不愿意回应，孩子来拉你，直接把他吼出去……想一想，他们似乎没有做错什么，反而是出于关心，但却莫名其妙地被你指责呵斥，之后，所有人的心情都变得沉闷而压抑。

要知道，家是你温暖可靠的后方，我们应该用心呵护它。而不是把工作中的不好情绪发泄在家人身上。在茫茫人海中，能够给我们温暖，赶走内心孤独的是家；在嘈杂喧哗的尘世，能够遮风挡雨，给我们片刻安宁的是家。家就是你的全部，无论你在外受了什么委屈，受到什么伤害，回归到家的怀抱就能够无痛地治愈你的伤口。

女人一生中幸福的大部分内容就是家的温暖，所以把那些与家无关的东西扔在门外。拥有一个幸福的家，才能让我们从灵魂深处绽放出最快乐、最真挚的笑容。

6. 走走停停，让灵魂跟上你的脚步

忙忙碌碌，生活的压力使我们像机器一样来回周转，甚至有时会忘记自己还是血肉之躯，或者多么希望自己是一台复印机，复制出千千万万个自己，加快速度。的确，现在什么都讲求速度，慢一秒，你很可能就失去了先机。当走在去公司的路上，一个一个的人从你身边飞速走过，无人顾及路边的风景，你突然觉得自己的缓慢与周围格格不入，竞争的压力让你不得不随着他们的步伐变快，久而久之，你也不再欣赏路边的风景，变得麻木而紧张。

其实，我们不必因为别人的快捷或催促而加快节奏。我们完全可以在一个高度发达的科技社会中放慢步调，以放松的节奏完成大量的事情。我们来看看那些匆忙的女人，她们是如何面对自己的心路历程的呢？

芳瑜在一家大型外企工作 5 年之久，从创意助理做起，一直做到著名设计公司的部门经理。许多同事是既羡慕又忌妒，然而她却一点也不高兴，因为她发现，自己的激情正渐渐地被每天高强度的脑力劳动扼杀掉。

芳瑜常常失眠，只要一闭上眼睛，她脑子里翻来覆去的都是那些设计创意，做梦也有一半是在和同事谈论一个广告或者海报的创意思路。在最

忙的时候，芳瑜甚至推掉了工作之外的所有朋友的联系。工作多的时候，她把每个策划案的最后期限都用红笔在日程簿上勾画出来，每天时刻看着那个红圈就焦虑得不得了。

直到有一天，芳瑜偶然一瞥看见了楼下的一个广告牌，才猛然从忙碌的状态中惊醒。那是芳瑜全权负责的大型海报牌，虽然挂了好几个月，可是因为每天都匆匆而过，芳瑜从来都没有仔细地看一眼。那一瞬间她想起了自己年轻的时候刚刚入行，觉得自己最大的快乐就是站在自己设计的作品前，慢慢体会那种成就感。

晚上，芳瑜失眠了，不过不再是思考设计图纸，而是开始仔细地思考自己的生活状态。

太快的脚步很容易让我们感到疲累，忽视生命的意义，甚至感觉不到生活的美好。当我们开始思索自己的生活状态的时候，我们的脚步会缓慢下来，在以后的生活中我们也可以不再要求自己那么匆忙。每天上班的时候，不妨以悠闲的心情欣赏路上的风景，抽出时间来和朋友同学相聚，分享他们的生活和喜怒哀乐。

女人们，放慢脚步，有了呼吸的空间，才能有时间让自己幸福。

在别人眼里，32岁的董瑶是个很不一样的女人。当年毕业留上海时，她住在郊区不足10平方米的小平房里，没命地努力，蚂蚱似的不停跳槽，没度过一个周末，没休过一次假。接下来的7年，是董瑶将自身潜能发挥到极限的岁月，不断出成绩，间或得到晋升。

一年前到北京出差，董瑶晕倒在马路上，被交警送进医院。全身检查下来，除了没有蛀牙，周身都是疾病。病床上虚弱的董瑶听到手机此起彼伏地响，里面除了上司询问工作的进展、交接，还有客户的埋怨。此时，董瑶才发现这么多年她为之奋斗的金钱、前程、理想，统统化为一瓶瓶消炎药，一点点地滴入静脉，让她痛得清醒。病好后，董瑶辞了职、卖了房，带着积蓄回家乡，在小镇上开了一家手工陶艺坊。

昔日的同事赫佳去董瑶的小镇旅游时见到了她，那时董瑶正在藤椅上晒太阳，惬意而淡定。两个人相视而坐，不到10分钟赫佳已经喝下两杯咖啡，皮肤暗黄，黑眼圈肿得高高的，看上去憔悴疲惫，却还悻悻地说："我喜欢这充满挑战的工作，你知道吗？薪水又涨了。"董瑶放下手中的茶杯，略带同情地说："现在都谈节约型社会，其实人最需要节约的是自己，如果你不自己放慢节奏，你的生活节奏就会越来越快，直到你追不上它。"

回过头来想想，许久了，我们匆匆忙忙地过日子，匆匆忙忙地上班，匆匆忙忙地回家，匆匆忙忙地吃饭，匆匆忙忙……忙得像一只从未停止旋转的陀螺。

一个圆环在滚动中不小心磕掉了一角，急得它赶忙寻找。可是它无论再怎么着急，前进的速度还是很缓慢。于是它不再着急，滚动中它左顾右盼，看到了很多惊奇的画面，有鲜花，有大树，有小鸟，有嬉戏的小鹿，有高歌的黄鹂……这一切真的太过美好，过去只知道快速地滚动，眼睛习惯地盯视前方，从未体味到身边的美好。当它找到那丢失的一角，望了许久，最后转身缓慢地离去。

让我们停下来，放慢脚步，和自己的心灵来一场对话，静静想一下自己想要的是什么。是的，我们需要与心灵相契合的生活节奏。

你说你喜欢"停车坐看枫林晚，霜叶红于二月花"这句诗，可是现在，你有多久没有翻开那本被遗忘在角落里的诗集了。或许你现在看到这本书，也只是匆匆忙忙地随手一翻。你放在阳台上的兰花，许久没有打理了吧，或许你错过了它最美的时刻，现如今已经干枯。

是不是忙得很久没有去看身边的人？真的好久没给父母打电话了，拿起电话，好好问问辛苦养育自己的父母，他们是否安康。那个一直爱着你、在你身后耐心地等待的人，转过身，给他一个深深的拥抱或者歉意的微笑，也许一顿丰盛的晚餐是你对他最好的感谢。认真收拾收拾屋子，然后放一点音乐，和你的爱人在沙发上相拥而坐或者让你的孩子在你的臂膀安然入睡……因为忙碌，我们错过的太多；因为忙碌，有些遗憾我们无法弥补。不仅丢失了属于自己的幸福，还为那些爱我们的人留下伤悲。

想要幸福的女人，试着放慢自己的脚步吧，不要再风风火火地一路狂奔，让我们细细体会从容淡定的人生，品味生活中的美好，为自己、为家人、为所有爱着的人们带去一份快乐。

7. 如果累了，就让心靠岸

站在岸边，看着波涛汹涌的海浪，曾几何时，我们像那浪一样奋勇激进；曾几何时，我们渴望将自己置身最高处。为了不被时代的浪潮淹没淘汰，拼命做着自己不太喜欢的工作。为了升职，不惜用尽一切手段，连休息的时间都用来改变提高自己。为了不被人嘲笑，我们尽量说着那些有哲理、有味道的话。为了同他人有共同的话题，每天在网络中搜索各个新闻趣事、娱乐八卦。为了让他爱上你，收起文静与素颜，强迫自己变得幽默，打扮得花枝招展。为了心爱的人更爱你，学习做所有他爱吃的菜，为他打理一切……亲爱的，累了吧。你的心不是海，可以容纳百川。事实上，你的心却像气球，装不了太多，总有一天撑不住了会破裂。

是啊，装得太多了，已经无力再承担。

高娟出生在一个山区，她母亲是个智障女人，因为父亲很穷，所以娶了她。高娟从小就被村里的孩子嘲笑，有个傻瓜妈妈有个穷鬼爸爸，但她并不为此嫌弃父母，相反她很爱他们。虽然母亲傻，但是很乖、很听话，只要给她一颗糖，她就会乖乖地坐半天。父亲虽然穷，可是人很好，从来不让她做地里的活，种庄稼挣来的钱都给高娟上学用。高娟很懂事，5 岁的时候就学会了做饭，起早贪黑，一日三餐都是她准备的，家里的家务活也全担在了她身上。

19 年过去了，高娟一路从小学念到大学，全是靠父亲东拼西凑和种庄稼的钱。十几年她只回去过几次。她很想念家中的父母，不知道年迈的父亲是不是已经头发花白。为了出人头地，高娟工作后一直奋发进取，没日没夜地工作。又是三年，她得到了单位审批下来的房子。虽然只有 80 多平方米，但对于她来讲就是天堂。等收拾好后，她将父母接进了城里，一起生活。起初父亲不同意，怕去了那里给女儿丢人，也怕她被人嘲笑，但在高娟的恳求下还是来了。

大城市的生活很紧张，消费很高，高娟为了不委屈了两位老人，依然拼命工作，顶着强大的压力，从小职员到部门经理，再到总监，又是 5 年。

32 岁的高娟成了人人羡慕的高层白领，可她却得了胃病，一直要靠中药调养。依然单身的她这时遇到了杨涛，两个人彼此爱慕对方，经过两年的交往，步入婚姻。

进入婚姻的高娟，一面要照顾年迈的父母，一面还要照顾杨涛的生活，在工作单位和两个家之间来回奔波。她有想过为父母请个保姆，但还是放心不下，更不愿让他们去敬老院，所以只好亲自照顾。但为了不影响与杨涛的感情，她从不放松对任何一方的关心。

终于还是累垮了，三年的婚姻生活，高娟为杨涛生下一个儿子，但医生诊断出她得了胃癌，幸运的是孩子很健康。高娟悔恨自己不能给孩子一个健全的家，最终带着遗憾离去。

女人的心或许能装下的就只有这么多，一辈子劳劳碌碌，离不开、放不下的就只有父母、爱人和孩子。他们是女人的全部，也是为了他们，女人不得不将所有的事情包揽。

生活中，有很多女人为了让所有爱的人幸福，强迫自己去做太多不喜欢的事情，恨不能将时间静止，完成更多的事情，却从不问问自己累不累。

当我们身体累了时，或许休息片刻能够缓解，心累了不是靠睡一觉就能够平息的。生活中我们遇到的还会有很多，坎坷、磨难、挫折……这些都需要心的承载。

等也等了，盼也盼了，所能付出的已经够多了，告诉自己你累了，让心靠岸吧！你爱的人，他们同样关爱着你，他们最大的心愿就是看到你幸福的笑脸。

对自己好些吧，工作不好找可以慢慢来。只要做事无愧于心，别担心会不受欢迎。爱人如果爱你，就能够理解你的全部，所以不要过于迎合他。父母养育了我们，我们就要负起责任让他们安度晚年，所以首先你必须要有一个健康的身体。

累了，靠岸吧！给心放个长假，很多事情不会比现在变得更糟糕，只会越来越好。放空自己，给自己自由呼吸的时间，去做一些你所喜欢的事情，抛去所有的烦恼和压抑，好好为自己活。你所有的出发点不过就是幸福，而幸福是可以传染的，尤其是对家人的传染力度最大，所以你快乐了、幸福了，就会将快乐幸福的味道传染给身边你爱的每个人。

8. 适时放下，给心灵放个假

现代社会赋予了女人太多成功的机会，与男人一样，女人们的生活节奏便越来越快。极多的女人，已经完全被生活的"日程表"所束缚，上面记满了我们每天必须要完成的工作任务，让我们变成了一颗永远无法停歇的陀螺。每天好像有忙不完的工作，做不完的事情，时不时地会觉得自己活得太过压抑，越来越找寻不到心灵的空间。要知道，我们工作就是为了让自己的生活变得更快乐、更幸福，然而，如果工作本身成了我们的拖累，那就得不偿失了。

一家公司准备以高薪雇用一名司机，经过层层筛选，只剩下三名技术最精湛的竞争者。最后，面试主考者问他们："悬崖边上有块金子，你们开着车去拿，觉得能距离悬崖多近而又不至于掉下去呢？"

"二公尺吧。"第一位想了想说。

"半公尺。"第二位很有把握地说。

"我会尽量远离悬崖，越远越好。"第三位不假思索地说。

结果，这家公司录取了第三位。

金子充满了诱惑，如果不知道金子在悬崖边，贸然去拿就会有生命危险。女人要明白，工作就像这块放在悬崖边的金子，固然能为自己带来很多回报，但若是天天熬夜、加班，没日没夜地干，只会出现职业倦怠，距离心理崩溃的边缘也就不远了。与其这样苦苦折磨自己，不如试着去简化自己的"日程表"，随时收步，让心灵休个假，让自己去体味生活中的幸福和快乐，这样会使你的工作变得更有意义，会使生活充满美妙的色彩！

艾琳·詹姆丝是美国著名的作家，她一生在倡导过一种简约的生活。她认为人只有过简约的生活才能活出生命的真色彩来。

其实，艾琳·詹姆丝在年轻的时候，只是一个投资人兼一个地产公司的投资顾问。这两种工作每天都使她陷入忙碌之中，乱七八糟的事情塞满了她在清醒状态下的每一分钟。在这种生活持续了几十年以后，突然有一天，她觉得她再也无法忍受了。那一天，她呆呆地静坐在自己的办公室中，望着眼前写得密密麻麻的事宜和日程安排表，她突然觉得这是一种最为愚蠢的生活状态。

也就是在这个时候，她最终做出了一个决定：简化日程表，给心灵放个长期的假。

接下来，她就拿起日程表，把里面原本的八十多项内容，简化为十多项。她取消了当日所有的电话预约，并将堆积在办公桌上所有的文件全部清理掉，就连信用卡也几乎全部注销掉了，为的是不让无休止的银行账单函件来打扰自己。

就这样，她通过改变自己的日常生活与工作习惯，使她的房间以及庭院的草坪变得更加简约、整洁。简化之后，艾琳·詹姆丝得到了更多的空闲时间，心灵也得到了休整，整个人顿时变得快乐了起来。

艾琳·詹姆丝曾经在自己的作品中这样说道："我们的生活已经太过复杂了。在人类的历史进程中，从来没有如我们今天这个时代拥有如此多的东西。这些年来，我们一直被外在的物欲诱导着，我们误以为自己只要努力就一定会拥有一切东西，但是，这些东西事实上却让我们沉溺其中并且心烦意乱，因为它们让我们失去了创造力。与其这样忍受折磨，不如舍弃这些东西，给自己的心灵多腾出时间来休个假，这样才能使我们的创造力永远旺盛。"

现实生活中，有多少女人已经被这无休止的日程表所包裹着，压得喘不过气来。如果你处于这样的工作状态中，你完全可以反思一下自己：在你每一天的生活安排中，哪一件事情是必须要勉强去做的？哪些是生命中无须去追求的？追求外在的面子和烦琐的例行公事是否让你的生活也陷入浪费时间、浪费精力的陷阱中呢？

美国著名作家德莱赛这样告诫女人："习惯促使我们去做所有的日常琐事。而我们总是担心如果不去做，就会失去什么东西。其实，也许我们的确会失去什么东西，但是这并没什么不好，我们至少还可以好好地活着。不仅是好好地活着，而且活得更潇洒了，因为我们再也用不着费尽心机试图去做所有的事情。那些对人类艺术领域作出过卓越贡献的人，如毕加索、凡高、莫扎特等，这些人都是生活在极为简单的生活之中的。这样才使他们能够全神贯注于自己的领域，从而挖掘到灵魂深处的创造的源泉，为此，他们也获得了极为丰富多彩的人生。"

如果你经常感到生活充满了压抑，心太累，主要是因为你给自己额外增加了一些不必要的工作。这些工作将我们拖入永久的疲惫之中。为了所谓的面子，为了不承担懒惰和消极的恶名，我们将自己支使得团团转，这着实是一种最为不健康的生活状态。所以，要想获得轻松，就要学会缩减自己的日程表，学着给自己的心灵放个假！这是获得惬意人生的重要方法。

所以，伟大的哲学家尼采曾经说："很多的伟大的思想都是在简单的散步中产生的。"所以，当你面对超负荷压力的时候，当你身心疲惫的时候，当你再无力应战的时候，不妨让自己去散步，欣赏一下大自然的花草树木……这时候，你可能就会突然发觉：天依然是那么蓝，云也是分外的洁白，这个世界还是如此美好，奋斗是如此的有意义。如此一来，你的心中便会再次充满激情，以充沛的精力去投入工作，从而加速你成功的步伐。

9. 转变心态，将工作当成一种享受

现代社会对女性的要求提高，使诸多的女人都背负着巨大的压力：生活压力、工作压力、交际压力……在诸多的压力之中，很多女人会痛苦不堪。然而，你是否想过，正是这些压力才激发出了你内在的激情与动力，才让你变得更为优秀。在压力面前退缩，只会憔悴了你的意志。为此，当你面对压力的时候，你要及时地改变心态，将压力很好地转化为动力，这样你的痛苦和焦虑就不会存在了。

在非洲中部最为干旱的大草原上，生活着一种巨蜂，这种蜂是短翅膀、短脖子，体态肥胖且臃肿。根据生物学家们的理论，这种体形肥胖臃肿而且翅膀短小的蜂的飞行本能应该是最差的，甚至连鸡、鸭都不如；用流体力学来分析的话，它们的身体与翅膀的比例根本不能够起飞，即便将它们扔到天空中去，它们的翅膀也不可能产生承载肥胖身体的浮力，然后就立即掉下来死掉。然而，出人意料的是，这种蜂却能够在非洲的大草原上连续飞行约 250 公里，而且，飞行高度也是一般蜂类所不能及的。另外，这种蜂类也是极为聪明的，它们平时就藏在草丛中或者岩石的缝隙中，一旦有了食物后就会立即振翅飞起来。尤其是当发现他们生活的地区将面临极度干旱的时候，它们就会成群结队地迅速逃离，向一些水草丰富的地方飞行。

哲学家们认为，这种飞行能力极强的蜂类虽然天资低劣，但是它们也只有学会极为强健的飞行本领，才能够在气候极为恶劣的非洲大草原中生活下去。如果它们不能够飞行，或者飞行能力极差，他们面临的只有一个结局，那就是死亡。

正是恶劣的自然条件，才能非洲蜂有了极强的飞翔本领，而这让我们相信，在一个执着顽强的生命中，只有压力才能产生超强的能力。

女人要相信：多数人的成功都是压力"压"出来的，如果你想让自己变得更优秀，更早地迈向成功，那就试着享受压力吧！

文丽和张琴是大学同班同学，两人都是班上的"才女"，都希望未来的自己在文学上有一番造诣。

毕业之后，文丽进了一家事业单位，收入稳定，生活无忧，而且仕途一帆风顺。而张琴则不那么顺利，刚上班一年就下岗了，然后四处打工，吃尽了苦头，而且赚钱也不多，生活压力极大。于是，她迫切地希望改变自己的命运，就将所有的希望都寄托在文学上，渴望着有一天，能在这方面出人头地。她不停地写，越写越好，发表的文章也越来越多，终于成了一名依靠写作养活自己的作家，实现了当初的梦想。而文丽自毕业后，再也没有写过文章，当初的梦想对于他说，已经是一个"遥远的梦"了。

有一次，朋友聚会，在谈及张琴的成功，她不无感慨地说："是生活的压力让我成功的！"

在远古时代，煤与钻石其实是同属于一种物质的，但是经过上亿年的时光，它们却成为了两种不同的物品。那么，是什么造成的呢？当然是压力的作用。因为所受的压力不同，各自的转化方向也不一样，受到压力小的则变成了煤，而受压力大的，则变成了钻石。

为此，如果你现在处于压力之下，切不可一味地抱怨，而应该心存感激，它能够挑战我们生命的极限，让我们不断地超越自己，创造属于自己的辉煌。

从现在开始，学着去感谢压力吧！很多时候，工作有压力绝对不是坏事，它能够最大限度地激发人的斗志，促进人不断地成长。压力能够产生动力，在压力的作用之下，你最终也将会成为一颗熠熠闪光的钻石。

10. 面对流言蜚语，学会淡然视之

俗话说：哪个人前不说人，谁人背后无人说。每个女人在生活中，都难免会遇到流言蜚语。面对此，许多女人都沉不住气，都会愤怒、痛苦，紧接着便是争吵甚至与他人大打出手。其实，在流言蜚语中，只要你能够冷静下来想一想，这是大可不必的，因为所谓的"流言"只不过是你耳边的一阵风而已，在它产生的一瞬间便已经没有对与错之分，如果你非要与其较劲，只是在拿他人的错误来惩罚自己。

女人要明白，我们每个人都活在他人的视线中，我们会对他人的言行举动做出评判，同样，他人也会来评判我们。当然，这种评判只是别人的一种看法，并不一定客观，如果因为别人不真实的看法或评判去改变自己的行为，置自己于痛苦之中，是再也愚蠢不过的事情。所以，当我们听到有关自己的"是非流言"时，只要将其搁置一旁不予理睬，选择以沉默对待，那么，一段时间之后，它便自动会烟消云散，因为流言是经不起时间的考验的。

诗婷是北京一家外企的职员，与刘娇不仅是一个部门的同事，还是特要好的朋友。因为诗婷在刚入职的时候，总是受到刘娇的善意的照顾。工作中，每当诗婷遇到难解决的问题，刘娇便会主动出面帮她搞定。当诗婷业绩不好的时候，刘娇会帮助她。遇到生活中的困难，刘娇也会出手相助。在一年多的相处和合作过程中，诗婷早已将刘娇变成自己无话不谈的好朋友。

后来，诗婷凭借其自己在业务上的成就，做到了销售部主管的职位，但是，正在自己欣喜的时候，她却收到了来自好朋友刘娇的意外之"礼"。因为刘娇认为论资历，论经验，自己应该胜任公司主管的职位才合适，没想到却被诗婷抢了先。

随后，刘娇就开始散布诗婷和上司有不正当关系，她是靠"不正当"关系上位的等等，这种谣言传遍了整个公司，诗婷经常听到同事在背后小声地议论她。后来，她才知道是自己的好朋友刘娇散布的谣言，说自己昨天与客户在酒店交谈彻夜不归。看到同事们都在用异样的眼光看自己，诗婷感到十分难过。随后，这件事就成为其他同事茶余饭后的谈资……诗婷当时感到受到了屈辱，痛苦极了。但是她又相信：是非止于智者，清者自清，浊者自浊，时间会证明一切。随后一段时间，大家也都觉得刘娇所说之事经不起推敲，也就没人再提起此事了。

诗婷在无意之中被卷入了"是非"之中，但是她不予理会，最终谣言也不辩而散了。所以，在生活中，我们也要相信"是非止于智者，清者自清，浊者自浊"的道理，将谣言搁置一边不予理睬，这样才不至于让谣言扰乱我们的正常工作和生活，最终也能让自己获得内心的平静。

女人要相信，流言只是那些无聊之人在无聊生活之中的谈资而已，风一吹，也就散了，对于此，我们根本不必理会，即便是偶然从他们身边路过听到，也可以一笑了之，没有必要将之放在心上。

当然了，生活中一些带有攻击性的恶意的流言，多数是别人在不平衡的心理作用下产生的，这也意味着你的某些才能或者某些优秀的地方受到了他人的嫉妒，对于此，我们更应该一笑置之，因为你是个优秀的人，没必要与一个不如自己的"弱者"去斤斤计较。再者，这些带有攻击性的流言，是散布者故意让你伤心、痛苦的，如果你真的为此伤心、痛苦，不正中了他们的下怀吗？但对于一些子虚乌有，且已经对自身名誉造成了重大损失的流言，我们则完全可以考虑用法律的形式加以追究，即便是借助法律武器，也没必要有太大的心理压力，因为一切都是人之常情而已。

总之，路是你自己的，人生也是你自己的，不必要太去在乎别人的看法。任何人的看法与建议都不能从实质上改变什么。真正懂得对自己好的人，是能正视流言、有所取舍的人，这样的人才能更为真实、快乐和惬意地活着。

第八章

不完美才是生活的真相，
　　不苟求就是幸福

内心祥和、沉静的女人懂得，婚姻对于自己很重要，等待和寻找也很重要。于是，她们便会用一个虔诚的、神圣的、向前的姿态，耐心地等待那个能为自己生命锦上添花的男人。这样的女人在任何时候都能坚持自己所选择的，听从自己内心的声音，默默地等待属于自己的幸福！

1. 学会接纳并热爱自己

有的女人将自身的缺点看得太重，并因此背上了自卑的包袱。由于曾经被挑剔，也就逐渐习惯于用挑剔的目光看待自己，越看越觉得无法接受。

总是闪躲自身的缺点或者想通过各种渠道来弥补自身的缺点，这让很多女人陷入了盲目的自我完善修改中。例如，有的女人用节食或者药物来使自己变得苗条；有的女人通过吃药或者穿 10 厘米的高跟鞋来改变身高；有的女人去整容机构整容，等等。诸如此类的例子数不胜数。

人无完人，谁都会有缺点，但为什么要时刻钻到缺点里，却忽略掉自身的优点呢？

慧美是一个身材臃肿的平凡姑娘，36 岁的她一直没有遇到对她倾心的男人。慧美有一副好嗓音，也很会跳舞，虽然碍于身材的限制，但是她什么舞蹈都会。

然而她却从未开心地笑过，也不喜欢出门，她怕外面的人看到她这副模样后嘲笑她、挖苦她。她的房间内甚至没有一样可以用来当镜子用的东西。

就在慧美的父母为此感到无力的时候，她的姑姑来了。正好赶上中秋，他们一早便在院子中忙碌着准备晚饭。姑姑见慧美从二楼的窗户巴巴地望着外面，便上去找她，她的姑姑拉起慧美的手说："慧美，姑姑很久没听你唱歌了，走，去院中为姑姑唱一首歌。"

慧美从她姑姑的眼神中看到了期望、赞赏以及疼爱，她却怯怯地跟着她来到了院子里。等一切准备就绪，慧美站在父母及姑姑的面前，低着头手足无措，她姑姑让她唱《感恩的心》。

慧美依然低垂着头，她的嗓音清澈得如山涧的泉水击打石壁，如林中的白灵讴歌，如海豚欢快地鸣叫，将附近的邻居及路客纷纷引来。

当一曲终了，慧美想要转身回屋，然而一阵热烈而又沸腾的掌声拉住了她的脚步。抬头看去，她家的庭院已满是客人，大家的脸上是笑容和赞许，嘴里不停地喊着真棒。慧美惊呆了，她没有看到嘲讽，也没有看到轻蔑，她从大家的掌声中听到了认可。

从此慧美不再逃避，每天对着镜子精心地打扮自己，然后带着喜悦的心情外出，跟刚认识的朋友们逛商场、散步、唱歌。她很感谢上苍给了她最美的声音。

"不洗澡的人，硬擦香水是不会香的。名声与尊贵，是来自于真才实学的。有德自然香。"我们应当学会崇尚真我，唯有真实的自己才是最难能可贵的。一个人如果看不起自己，不敢直面自己，那么你又期待谁会尊敬你，喜欢你呢？

著名医师史迈利·布兰敦曾经说过："适度的自爱对我们每个人都非常重要，这对一个正常人来说，也是非常健康的表现。为了从事工作或者达到其他的目的，适度关心自己、喜欢自己是非常必要的。"

的确，只有接受并喜欢自己，才会变得自信、自尊、自重，从而让自己取得更大的进步。

学会认同自我，不要用他人对你的评价来衡量自己，必须要建立起自我观。对自身的缺点多些忍耐，既然是无法逃避的事情，不如将视线转移到自己的优点上。给自己一点空间，学会与自己独处。独处可以对人的心灵运动产生很大的益处，使自己不再依靠他人的恭维和肯定来满足自己。

想要幸福，就要学会接纳自己，爱自己。只有爱自己的人才会像春日的阳光一般温暖照人，让人感到亲切。让自己的优点发挥它的长处，让自己的缺点被爱包容，这样才能享受到生活带给你的快乐和幸福。

2. 生活中，并不是努力就能得到

勤奋努力是通向成功的最短路径，也是实现梦想的最好工具，无论是在富裕还是贫困的环境中，只要你肯勤快做事，付出你的努力，你就一定会有收获。一直以来，身边的人都在告诉我们这样一个道理，想得到就必须付出努力。是的，天道酬勤有一定的道理，但生活中的一些事情，不是你努力了就会得到。

你不聪明，所以不断地学习，积累知识和经验，所以你找到了一份不错的工作。但这并不能证明你什么工作都能胜任。

杜颖倩在庆祝公司成立 10 周年的宴会上喝醉了酒，旁边坐着的是销售部总监汪喆。她醉醺醺地对总监说："说到学历，我比你高，说到勤奋刻苦，你也不如我，可是我却不能坐到你的位置上。三年过去了，我从没有停止过积极进取，有时候为了完成一个项目两天两夜不休息，可我就是没法跟你比，我不甘心，告诉我这是为什么？"

汪喆一脸愕然地看着杜颖倩，平时看她一个女人在公司里却像男人一样拼命工作，原来是为了想要顶替自己的位置。不容易啊，汪喆给她倒了一杯醒酒茶，说道："你认为只有刻苦勤奋就能够升职吗？我从来不觉得光靠努力就能够这样。你真的想过这个工作适合你吗？看看那些奔跑在原野上的斑马，奔跑才是它们的本能，再看看那些拴在磨前的驴，它无时无刻不在努力着想要奔跑，可是它只能围着磨转，久而久之，等把绳子剪断的时候，它已经被心底的绳子束缚，只知道围着磨转，然而它依然是在努力想要去奔跑。"

杜颖倩含糊不清地听汪喆讲完，她笑着说："你是说我就是那头驴吧？选择了一份不太适合的工作，就算我再怎么努力，也只能在一定的范围内转圈圈。关键是我真的很喜欢这个工作。"

汪喆含笑地说："喜欢不一定有能力拥有，努力并不一定就会有收获。我同样向往总经理的职务，但是我的长处仅仅是做一个销售总监，在这个职位上，我有能力让自己发光发热，为什么要强求自己执着于那个很可能失败的位置呢？"

不要以为有一个伟大的梦想，再花个十几年的时间奋斗，就一定会有所成。有好的想法和努力固然很好，但单靠这些并不能成就你想要的。要知道，成功需要天时地利人和，缺一不可。

生活中，无论是工作或者其他事物不是你喜欢就适合的。既然不适合，再努力也是枉然。与其将精力浪费在不适合的地方，不如早早放手，认真审视自己，了解自身，归结出真正属于自己的道路。

幸福的爱情、婚姻、家庭是我们梦寐以求的渴望。因此，我们怀揣着对幸福生活的完美梦幻苛求爱情的到来，却不想一次次的努力与牺牲让旺盛的烛火在现实面前残喘。

付出了，努力了，就一定有收获吗？爱情是相互的，当你一厢情愿地为了爱而拼命努力的时候，你心底的那个人或许只是为了摆脱内心的空虚而勉强接受你。就算你知道他不爱你，可依然固执地做出牺牲，你得到的不是爱情，而是对方的反感，或者他留在你身边，也只是个随时会离去的空壳，明明不爱，为何强求，最后苦了自己。

我们生活在这个世界上，无不渴望万事如意，生活完美幸福。拥有这些的前提条件是我们必须知道自己真正需要的是什么，不会为了那达不到的目标而虚耗自己的生命。我们错过了朝阳的曙光，难道还要错过落日的余晖吗？

工作会有的，爱情会有的，婚姻家庭通通都会有的。让我们理智些，从容面对生活中的种种诱惑，也不要为过去的失败而耿耿于怀。立定脚步，回望来时路，原来风景依旧美好，只是我们过于苦苦追求，错过了太多。"山重水复疑无路，柳暗花明又一村"，既然那些都是浮云，忘记吧，好好珍惜现在你所拥有的。

3. 学会欣赏别人，而不是挑剔别人

"你看你，穿的什么衣服啊？像个土包子！""长得这么难看，还指望娶个漂亮老婆啊？做梦吧！""就你这本事还想找个什么工作啊？人要有自知之明，差不多就行了。"

生活离不开广大的交际范畴，每个人都不会成为孤立的个体，所以，无论是朋友还是爱人、家人都缺一不可。但是，我们却苛刻地希望自己身边的人都是最完美的。尤其是当看到他们身上的一些缺点或者做错事情时，总也不顺眼，就像那句俗语"一棒子打死一个人"，更会口无遮拦地说出自己的看法。当然，你认为这是出于好心让他改正，但对方却可能认为你是在嘲笑讽刺他。在你还分不清状况的情况下，你丢失了一份信任。

曼娜跟耿丽在工作上是非常好的搭档，两个人配合时相当有默契，一直被公司称为是"姊妹双花"。但是最近曼娜却总是躲着耿丽，除了工作上的合作，不再像过去一样两个人出双入对。

一天中午，留在办公室的只有曼娜和另一个同事。那个同事一直很好奇她们之间的事情，便问她原因。曼娜看看周围没其他人，就说："我发现耿丽有狐臭，以前她身上总是喷很多香水，除了香味根本闻不到，可是有一天需要我和她出去考察市场，大概是忘记喷香水了，身上难闻的味道差点没熏得我吐了。到现在想起来还有点恶心。"他同事听到这个之后也很惊讶。不过曼娜还是提醒他不要说出去，毕竟耿丽对她真的很好。但世上没有不透风的墙，很快公司的人都知道耿丽有狐臭，都离她远远的。耿丽知道原因后，再也不愿理会那个心口不一的曼娜了。曼娜知道错了，找耿丽道歉，耿丽只冷冰冰地说了一句："我认识你吗？少在这里虚情假意。"

人无完人，每个人都有自己的缺憾和优势，如果将别人的痛处随意指出来游街示众，那样只会让对方对你心生芥蒂。即便你们关系再要好，也会产生裂痕。

与其处处揭别人伤疤，给自己树立一个敌人，不如转移视线，学会欣赏他人的优点。要知道，当你发现他人的长处或者有什么你不存在的优势时，你除了可以借鉴，在赞美对方的同时也会获得对方的好感。对于对方的缺点和不足，或许做不到视而不见，但不妨多一份理解，毕竟谁都希望自己是完美的。

你同样不完美，有些地方也是需要他人理解和包容的，只有在尊重他人的同时，你才会被尊重。培根说："欣赏者心中有朝霞、露珠和常年盛开的花朵，漠视者冰结心城、四海枯竭、丛山荒芜。"让我们在生活中多一些欣赏，欣赏是一种给予，一种馨香，一种沟通与理解，一种信赖与祝福。爱情同样不要走入完美的误区，我们总渴望自己的另一半完美无瑕，但如果我们执着于挑剔对方身上的不足，那么很可能将与生命中重要的人擦肩而过。

裳姗姗很看不惯母亲对父亲百依百顺，因为她父亲脾气暴躁。裳姗姗有时忍不住为母亲抗议，父亲总是愤愤地哼一声，转身出去。而让裳姗姗无法接受的是，母亲不顾一切地追上去，温声细语地说尽好话，简直把一个年过半百的大男人当孩子哄。

裳姗姗发誓今后找男友，绝不找身上有一丝父亲影子的男人。正因为这样，挑来挑去，一晃29岁了还单身。这倒好，父亲急了，干脆托老战友给她介绍了一位当军官的男人。

初次见面，这个军官的言行很得体。后来他来家里，与父亲下棋，为了逞英雄是非赢不可，连个小卒子都不肯让。当然，她父亲很好这口，杀着有劲。但是却触犯了裳姗姗心中完美爱人的大忌，看着两个臭味相投的人，这个男人在她心里直接被打上了淘汰的标记。这次，她父亲真火了，冲着她嚷："你自己都不完美，有什么资格苛求别人？"

裳姗姗赌气，到姑姑家住，将父亲那些劣行一股脑儿全告诉了姑姑，可没想到姑姑对她说她的父亲是个难得的好男人。裳姗姗不明所以，她姑姑说："当时你父亲和他的上司同时看上你母亲，为了你母亲，他放弃了出国深造的机会。在那个时候，能出国可是相当了不起的事情，就因为这个感动了你母亲。后来一次他出差发生了严重车祸。那时他为了不让你母亲担心，愣是咬着牙打通电话，让她不要担心。为了你母亲，他是坚决不肯对别人忍让半步的。"

当父亲打电话叫她回家时，裳姗姗终于明白，原来一辈子的幸福，不在于是否有一个完美的爱人，而是，用自己的爱与温柔宽容地将对方的棱角环住，永不松手。

万事万物均不完美，我们应该学会欣赏他人的优点。当我们了解这一点，也不再执着于此，那么我们不必拿着放大镜去生活。试想一下，如果世界上的人全部完美无瑕，到处都是一样的人，没有个性，那我们还能追求什么？

所以对人、对事、对我们都不宜过于苛求。否则，最后只剩自己一个人孤独地生活在孤寂和焦灼之中。生活的目的在于发现美、创造美、享受美，而不该盯着不完美、不理想的事物苦苦折磨自己。

受欢迎的女人，一定是个善于发现他人长处、会欣赏他人优点的人。用自己的真诚取得他人的好感，对他人多几分赞赏，多一些鼓励和微笑，当别人从你的欣赏里得到自我价值的肯定，你又多了一个知心朋友。

4. 摒弃忌妒心，容许别人比你优秀

生活中，我们或多或少总会有这样的感觉，当别人幸福、成功或者春风得意的时候，你会突然觉得很失落。尤其是当那个人曾经不如你，而现在却事事高你一头，你的内心会波涛汹涌般无法得到平静，害怕、担心、愤恨、埋怨接踵而来，这便是由虚荣引发的忌妒。虚荣一旦在心底发芽，忌妒便永无止境地开始支配你的情绪。

嘉惠是被调任到总公司的几位分公司员工之一，因为是同时被调到总公司这个相对陌生的地方工作，他们几个人在一起时都倍感亲切。尤其是其中还有一个女孩跟嘉惠的老家都在同一个城市，这让两个老乡更加亲密，彼此互相依赖。只是随着他们在公司长期地工作，有的人渐渐崭露头角，公司将其中一些不错的人的职位提升到其他部门，工资翻了几倍。不过还好，嘉惠与自己的那位老乡还在，两个人在羡慕他们的同时也默默努力。

后来公司要进行大调整，嘉惠认为自己平时表现得相当不错，还受到过上司的表扬，肯定能够升职，嘉惠还时常对那位老乡说等自己升职了一定会照顾她。

然而令嘉惠没有想到的是，她依然处在这个职位，而那位老乡却成了她的顶头上司。

当那位老乡诚恳地安慰嘉惠时，嘉惠根本不用正眼瞧她。如果没什么太必要的事情，嘉惠从来不去办公室找她。每当同事们夸赞她很有本事时，嘉惠都会讽刺地说："有什么了不起的，不就是小小的一个部门经理嘛！"惹得周围同事都不愿与她说话。

一次因为嘉惠在工作中出了点差错，她那位老乡来找她，只是指出了其中错误的几点让她改正。嘉惠怒火中烧地讽刺道："错就错呗，有什么啊，还得请你这大经理亲自来批评指导，我可担当不起。"这真是惹怒了那位老乡，她收起了以前对嘉惠的好感，以经理的身份指责其言行不当，无纪律无组织，无视上下级观念，等等，顿时说得嘉惠无话可说，也惹来周围其他同事对她的嘲笑和鄙夷。

忌妒心过重，看到别人比自己优秀，尤其当同步而起的人成了自己的上司，就会变得失去理智，比如，坐在办公室里整天抱怨，怨天尤人。怨公司为何不给自己这样的待遇，怨机遇为何不降临到自己头上，怨社会为何如此不公平，甚至迁怒于同事，觉得是她的出现夺走了你的机会……如此蒙蔽了双眼，本来制定好的规划也会因为种种忌妒心引起的浮躁、不满而终究告吹。结果就是到了最后一无所有，连当初最好的朋友这笔财富也都失去了。

我们无法否认，凡是人多多少少都有点忌妒心理，这是人性，回避不了。但忌妒程度却是因人而异的。少许的忌妒也是有好处的，它可以刺激你进步，有更强的进取心。过多的忌妒却会造成不好的后果，伤害到你和周围的人。

解除忌妒的最好方法还是要有一颗大度宽容的心，我们没有理由去厌恶那些比我们优秀的人，也不能阻止有人比我们优秀。

忌妒是一堵墙，只会永远将你隔离在孤独狭隘的世界里，无论你怎么走，都只是在原地打转。它蒙蔽了你的良知、你的目标、你的修养。它可以完全埋没一个人的心智，导致不好的后果。因为比我们优秀的人太多太多，总不能全部怨恨他们吧？

千万别让忌妒控制住我们的内心。聪明的女人会以淡然的心态面对那些比她优秀的人，因为她知道他们之所以受到重视，就一定有她不足的地方，认真观察，从中借鉴，在维护住友谊的同时提高自己。

5. 摆脱"年龄恐慌"，留不住容颜就用智慧装扮自己

会不会有一天忽然觉得自己的身体、容貌都开始有衰老的迹象，不愿意再去蹦迪，更愿意去泡游戏厅。从什么时候开始我们不再说又年老了一岁，从什么时候开始我们回避了对年龄的记忆。

无情的岁月不经意间就剥蚀了少女时代绚丽的青春光彩，所谓的青春与美貌已不再是女人倚重和自恃的资本，有很多女人害怕别人问起她的年龄，不敢面对青春已逝的事实。

张晓凡躺在白色的幕帐内，美容师在她脸上涂涂抹抹，按来按去。突然那位美容师说："又多了两条鱼尾纹，下次记得按周期来做保养，否则我不能保证帮你彻底清除掉皱纹。"张晓凡抱怨地说："脸上的皱纹就算没了，肚子上的赘肉也去不掉，就算这些都不存在了，一问年龄，还是会吓跑一堆的人。看看那些走在大街上容光焕发的年轻人，真是羡慕啊，过去过生日总是将场面弄得要多热闹有多热闹，现在我躲还来不及……"

张晓凡走出美容院，来到商场，看着那些时尚潮流感十足的服饰，曾几何时她同样穿着性感十足的衣服在大街上吸引了无数的追求者啊。正在她出神的时候，有个小孩走过，不小心踩了她一脚，那个十多岁的小孩赶紧抱歉地说："阿姨，对不起。"张晓凡额头顿时冒出三条黑线，如被蝎子蛰了般大吼："叫姐姐！"那孩子被她的吼声吓到了，躲到了父亲背后，孩子父亲鄙夷地瞪了张晓凡一眼，拉着孩子走了。张晓凡感觉万念俱灰，自己真的老了。

我们害怕年龄成为屏蔽一切的按钮，越是年长，越是对年龄充满恐惧，有时甚至不想记得今年多大。可这毕竟是人力无法控制的事实，看身边那些老态龙钟的垂暮之人，自己总有一天会成为其中一员。既然这是既

定事实，就让容颜去与时间做伴。想想我们一路走过，那些我们所崇拜的文学巨匠，他们的魅力何曾消失在岁月的流沙中呢？

成熟女人的魅力来自内涵，看那些成功的女企业家们，她们脸上已没有昔日的美丽容颜，然而她们充满智慧的眼神，以及沉稳内敛的气场，让我们不得不发自内心地尊重与敬仰。

丰富内心，智慧不会随着岁月沉淀。当我们懂得年龄已经不再重要，你已经学会了付出，学会了拒绝，学会了感受，学会了经营，学会了在心底默默封存一些不肯轻易翻阅的东西，少了几分矫情，多了几分从容。

睿智的女人似水柔情，总给人一种平易近人的感觉，那丰富的内心世界好比辽阔的海洋，让人想要探寻却不敢有丝毫亵渎之意。那份优雅、那份从容、那份淡定让她不再为失去的和得到的大喜大悲，而是以一种平和的心态享受生活中点点滴滴的幸福。

6. 别把简单的事情复杂化

许多事情，原本不复杂，却被人越想越复杂。所以，聪明的女人是一个简单的人。一个简单的人，主要是指她能把复杂的问题化为简单问题。

在瑞士的日内瓦湖的山脉中，有一条很长的汽车隧道，从隧道东出口再往前几百米就是风景优美的度假胜地，从这里俯瞰，整个日内瓦湖都尽收眼底。

在这条隧道投入使用之前，总工程师想起来，她忘了警告汽车司机在进入隧道之前把车灯打开。尽管隧道的照明设施很好，仍然需要预防停电的情况下发生不测（在深山中这种意外是很可能发生的）。

于是人们做了一个标牌，上面写着：警告：前有隧道请打开车头灯！

很快问题就出现了。当游客欣赏完美景来到他们的汽车前时，会有一部分游客发现汽车电池没电了——因为他们忘了关掉车灯！于是，当地的警察们被迫用上他们所有的资源，好让车启动起来，或者把它们拖走。游客们对此怨声载道。

为了解决这一问题，女工程师想到了这样一个解决方案，在标牌上写得更明确点：如果这是白天，并且如果您的车灯开着，那么熄灭车灯；如果天色已晚，并且如果您的车灯没开，那么打开车灯；如果这是白天，并且如果您的车灯没开，那么就别打开；如果天色已晚，并且如果您的车灯开着，那么就别关它。

可是，这个标牌的内容太长了，还未等游客读完，汽车就已经驶出好远了。一定还有更好的解决办法，她这样想。

果然，她找到了更简便的解决办法。他们在隧道尽头加了一块标牌，上面写上：您的灯亮着么？

当进入隧道提示：请您开灯是对的，因为无论黑白天都是要开灯的，但是出隧道的时候就麻烦了。由于来这里的都是参观美丽的山脉和湖泊的，考虑到不能影响游客的心情，所以提示语不能太长，所以管理方就提示语分析了多遍，最终将其总结为一句画龙点睛的话：您的灯还亮着吗？就点通所有的意图了。这个就是一种解决问题的简短有力而不影响愉快心情的方法。

反之，有的女人在面对一件本来极小的事情时会由此延伸出很多问题，将问题变得复杂化，导致她们的生活如同一团乱麻。

云彩学的是人力资源管理专业，半年前她进入这家公司担任人力资源主管一职，她工作努力，很有想法，业务也很熟练。可是她现在很苦恼，起因是这样的。

一次，她加班加点地制订出了一套非常完善的绩效考核指标体系，可因为其中的细节做得不到位，人力资源经理很严肃地指出了她的错误。这让她感觉到很委屈，她觉得经理应该对她的努力进行肯定而不是揪着一点小错误不放。

对此，云彩在办公室向同事抱怨了一番，结果不巧被人力资源经理路过时听见了。虽说经理没在意，可她不这么想，在以后的工作中，她总感觉经理故意挑她的错，其实这只是她的一个错觉而已。

现在，她在考虑要不要另谋出路。

本来就无事，可云彩却想得太多，导致了她情绪很低落。数学家华罗庚说过："神奇化易是坦途，易化神奇不足提。"他就是要告诫我们不要把简单的问题复杂化，而要把复杂的问题简单化。

因此，你要想活得轻松快乐，就需要学会将复杂的问题简单化，这样无论是生活还是工作，你都能做到闲庭信步。

7. 灵活变通，遇事不钻牛角尖

有一道脑筋急转弯的题："一个人要进屋子，但那扇门怎么拉也拉不开，为什么?"答案是：因为那扇门是要推开的。

生活中我们有时会犯一些诸如只知拉门进屋，不知推门的错误。其中的原因很简单，就是我们有时遇事爱钻牛角尖，不会变通。有时候，周围的环境变了，我们却不知变通，还在固执一端，钻牛角尖，认死理，结果是得不偿失。

爱钻牛角尖的人不少，这里面不乏有些女性同胞的身影。女人往往在很多事情上爱钻牛角尖，不能释怀，所以本来不好但也不是很糟的生活就变得非常不如意。

早晨九点，刚起床，门铃响了。希娅懒得理会，心想一定是不相干的人，要是有朋友来肯定会先打电话来的。门铃声响了一阵就停了，电话却又响起来了。接了电话，原来是瑞琪。

一开门就看见瑞琪红红的眼睛，希娅赶忙问她是怎么回事，听她说完之后，不禁有点哑然失笑，其实不过是一件小事被她搞得如此大惊小怪。

瑞琪结婚两年了，婚后一直没有工作，呆在家里照顾孩子老公。夫妻感情一直很好。以前只要是节日，她的老公都会给她节生日礼物。前几次，她老公工作实在太忙给疏忽了，事后都会好好哄她一番。可今天早上，瑞琪又为了一条新年的问候短信和老公闹，并且这次也没有新年礼物了。起初，她老公还跟向她解释原因，可她不听，说她老公不像以前那样关心她、在意她了。听她这样说，她老公这次也烦了，不再解释，随她闹，还扔下一句话，老是这样莫名其妙，她想怎么样就怎么样。

这次居然连哄都不哄她，越想越伤心，她就跑了出来。

遇事钻牛角尖的人，不仅不会变通，还会拿着"放大镜"把事态放大。比如，上面的事情，本来是一件小事，双方好好沟通一下就没事了，可瑞琪却坚持那么认为，导致两人不欢而散。我们说，坚持自己的观点是好事，但过犹不及，过于坚持就是认死理了，如果长期这样，烦恼和痛苦自然会紧随自己。

斯羽早年创办了一家服装公司，以设计、制作民族服装为主。虽然现在公司的经营效益也还算可以，但斯羽固执地认为，公司还需设计一些时装，这样才能确保公司走得更长远。

尽管公司内部的管理人员对此持反对意见，其中一位经理这样说道："原先做旗袍婚纱服装的那家公司，改做礼服，目前经营不景气，快要关门了，你是知道的。如今服装市场竞争激烈，有特色的才有生存空间。我们公司的本土服装在市场上还占据一席之地，丢了这个优势，企业的发展就要面临困境了。"但这也丝毫未能改变她的想法。

经过几次尝试，公司生产的时装惨遭市场淘汰，赔了一大笔，同时公司的民族服装的市场份额也在下降。

在许多情况下，固执己见并非一种聪明的处事方式。实际上，当自己的想法与他人不一致时，如果试着暂时放弃自己的观点，去倾听一下人家的意见，吸取对方合理的部分，结果也许并不坏。

生活中，女人应该学会变通，学会在山穷水尽的时候，转换一下心情，说不定会"柳暗花明又一村"。变通能让我们少一些郁闷，多一些开心，少些烦恼，多一些幸福。遇事不钻牛角尖，人也舒坦，心也舒坦。

8. 苛求环境不如改变自己

从前，有一个国王徒步来到一个较远的地方来了解当地的情况，返回宫殿的时候，国王感到他的脚疼痛万分，一来是因为路途遥远，二来是所行之路也崎岖不平，沙石遍布。于是国王便下令将全国道路统统铺上皮革。

为了节约财政支出，一位大臣向国王建议道："英明无比的国王陛下，您没有必要耗费那么多的钱财，您只需割下一小块牛皮，包着您尊贵的龙足，就可以达到同样的效果了。"国王很快就接纳了建议：为自己制作了一双"牛皮鞋"。

智者在无法改变环境时，会变通地改变自己，抓取机会。而愚者在无法改变环境时，只会抱怨连连，让自己丧失机会。每个女人都希望在这个世界上生活得更快乐、更如意，然而，有时候我们是不能改变这个环境的，聪明女人的做法是改变自己，而非改变外界。要知道，生活是由自己创造的。

唐莉莉因对原工作单位的氛围不满意，辞职来到一家著名的跨国公司应聘。考官首先问她的便是："你为何离开原来的单位？"唐莉莉直率应答："原公司的工作氛围不理想，影响了我的工作热情和动力，使我没有办法发挥自己的全部才干。因此我希望换个工作环境，希望环境的改变可以让我发挥自己的实力。"但是最终，这家跨国公司没有录用她。

后来，她又应聘了几家公司，结果都是无功而返。出现这样的情况，她百思不得其解。自认为能力优秀的她，不能理解自己为何被各公司屡屡拒绝。她不明白，即使她所说的全部都是事实，但她漏掉了最重要的一点：人要通过改变自己来适应环境，而不是让环境来适应你。

不管是在生活还是工作中，我们常会感到，总有很多的"别人"与我们相处得不愉快。面对这些摩擦和矛盾，大多数女人的反应是抱怨、不满、指责。然而，你的这些反应只能让自己的情绪得到发泄，并不能扭转事情的结果，有时候甚至会让事情变得更糟糕。因此我们说，与其这样，还不如对自己说一声：停止抱怨，改变自己！

凯丽是一家公司的销售员，她很不满意自己的工作，她很气愤地对朋友说："气死我了，我为公司做了这么多，可领导却不领情，还说我这不行那不好的。明天我就辞职不干了。"

朋友对她说："我举双手赞成你的决定！不过你现在离开，还不是最好的时机。"

凯丽一脸疑惑地问："为什么？"

朋友说："如果你现在走，公司的损失并不大。你应该趁着还在这里，拼命去为自己拉一些客户，成为公司独当一面的人物，然后带着这些客户突然离开公司，这样一来，公司就会陷入很被动的局面了。"

凯莉觉得朋友说的非常在理，于是努力工作。事遂所愿，半年多的努力工作后，她积累了很多大客户的资源。

等到再次与这位朋友见面时，朋友对她说："嗯，时机到了，该准备换工作了吧。"

凯丽答道："近来我感觉到公司领导对我很器重，所以我暂时没有离开的打算了。"

"这是我早就料到的！"她的朋友笑着说，"当初你的老板不重视你，是因为你的自身确实有很多需要改进的地方，而后你痛下苦功，当然会令他对你刮目相看。"

凯丽的这段工作经历告诉我们，抱怨和责骂不会改变谁，相反只会增加彼此间的矛盾，唯有改变自己，才是最有效的出路！

气候有冷暖，人生有四季，人活一世，谁能事事如意？面对这些不如意，抱怨是最没有意义的行为，解决不了任何问题，反倒会为我们带来一连串的负面影响，到头来，抱怨者反而成了抱怨最大的受害者。

最后，我们用美国成功哲学演说家金·洛恩说的一句话来做总结："成功不是追求得来的，而是被改变后的自己主动吸引而来的。"并与广大女性朋友共勉。

9. 走出患得患失的阴影

一只毛驴站在两堆数量、质量和与它的距离完全相等的干草之间，可为难坏了。它虽然享有充分的选择自由，但由于两堆干草价值相等，客观上无法分辨优劣，于是它左看看，右瞅瞅，始终无法分清究竟选择哪一堆好。

于是，这头可怜的毛驴就这样站在原地，一会儿考虑数量，一会儿考虑质量，一会儿分析颜色，一会儿分析新鲜度，犹犹豫豫，最后在无所适从中活活地饿死了。

其实在我们身边不乏这样的人，做任何一件事情，他们总是想过来想过去，既怕丢失这个，又怕失去那个，患得患失，导致自己郁郁寡欢、闷闷不乐。女人在这点上表现得尤为明显。

多年前，同为校友的鲍勃和露丝两人合伙创建了一家船舶运输公司，经过二人共同的努力，公司经营业绩还不错，可好景不长，市场经济走势来了个逆转。这对许多公司来说都是一个极大的挑战。

在此期间，有一家公司为了渡过危机，准备拍卖家当，其中有 4 艘货轮，其拍卖价格仅为其实际价值的十分之一。

鲍勃对此非常感兴趣，但此时露丝却表现得犹豫不决，今天害怕这个，明天担心那个。鲍勃虽说也对她做了不少工作，但成效不大。对此，鲍勃决定自己一个人买下这 4 艘船。尽管当时的海上运输业并不景气，他经过一番思考之后，果断决策：赶往目的地，买下拍卖的船只。

人们对鲍勃的举动瞠目结舌。一些亲朋好友则规劝他不要做赔本买卖。面对这些善意的劝告，鲍勃没有听，他相信自己的判断，认准了的事情不能患得患失，否则机遇就会失之交臂。

事实果然不出所料，经济环境好转过后，海运业迅速回升，鲍勃买回来的那些船只，为他今后公司的发展壮大起到了重要的作用。

二人各自开始自己的事业后，只见鲍勃的公司发展蒸蒸日上，而露丝的公司却在走下坡路，露丝此时也悔之晚矣。

不少女性朋友都有这样一个习惯，做什么事情之前都要反复思考，这样行不行，那样行不行。做完之后又放心不下，对方方面面都考虑得尽量周到，如有不妥，就很担心把事情办砸并担心别人对自己的看法，并且极其注重个人的得失，她们被笼罩在患得患失的阴影之中，自己也被自己搅得很累。其实大可不必这样。

我们的确主张遇事要思考缜密，兼顾周到，但这绝不是瞻前顾后，患得患失，其结果就是畏首畏尾，越想越怕。一百遍想下来，这也不能干，那也没有条件上，等到再醒过来，花儿谢了，机遇早已失去了。

古人云：世事如庭前花，花开也有花落，又如天边云，云舒也有云卷，何必患得患失，终日萦挂于怀呢？

韩国围棋天才李昌镐，无论面对多么重要的对局，他都能保持一颗平常心，似乎没有什么事情能扰乱他的心神一样，因而被誉为"石佛"。有如此定力，他在围棋界能取得傲人的成绩，也就是顺理成章了。

当今高手对局，技战术水平相差无几，这其中，是否持有一颗平常心则是取得胜败的关键。

另外，我们说保持一颗平常心，正确看待个人的得失也是让我们走出患得患失心理阴影的一个有效措施。一旦你做到了这一点，离成功之门也就不远了。

10. 学会宽容，得理也须让三分

在非洲的草原上，有一种吸血蝙蝠，它身体极小，却是野马的天敌。它在攻击野马时，常附在马的腿上，用锋利的牙齿极敏捷地咬破野马的皮肤，然后吸食野马的血。任凭野马怎么蹦跳、狂奔，都无法驱逐这种蝙蝠。蝙蝠可以从容地吸附在野马身上，落在野马头上，直到吸饱吸足，才满意地飞走。而野马常常在暴怒、狂奔、流血中无可奈何地死去。然而动物学家们却认为吸血蝙蝠所吸的血量是微不足道的，远不会让野马死去，杀死野马的是暴怒的习性和狂奔所致。

人也是一样，在生活中难免会遇到不顺心的事，如不能宽容待之，一时情绪激动，就有可能给我们带来更深的伤害！

宽容是一种积极的人生态度。一个女人必须有宽阔的胸襟，才能保持良好的生存状态，偏狭只能使得自己的路越走越窄，最终走投无路。

熟悉和了解坎蒂丝的人都这样评价她：她很善良、工作能力强也很上进，但有一点，就是得理不饶人。在生活中，她老公就因为她的这一脾气，两人没少闹矛盾。工作中，也是因为她的这一脾气，弄得公司里很多同事及领导和她的关系都有些紧张。

一次，一位下属在提交的一份工作报告中弄错了一个数据，坎蒂丝当时就将其批评一番。事后，在开部门会议的时候，她再次将这件事情拿出来说。这位下属觉得特委屈，不就出了个错吗？也犯不着这么批评啊！她怎么也想不明白，怎么就有人这么得理不饶人呢？

正因为她的这一性格，导致了每次她进行头脑风暴会议时，部门员工的积极性都很低。

生活在社会里，生活在人群里，总难免会有一些摩擦和误会，面对不愉快，你应该抱着宽容的心态去对待。莎士比亚忠告人们说："不要因为你的敌人而燃起一把怒火，灼热地燃伤你自己。"因此，我们说，宽容的女人是智慧的。

这是一则发生在经济萧条时期的故事。

葛瑞丝好不容易找到了一份在一家高级珠宝店当售货员的工作。临近下班时，店里来了一位30岁左右的男顾客，他虽然穿着很整齐干净，看上去很有修养，但从面容上看却让人感觉到他是一个遭受失业打击的人。此时店里只有葛瑞丝一个人，因为其他员工都下班走了。

葛瑞丝热情地打招呼："您好，先生，我能为您做点什么？"这名男子很不自然地笑了一下，目光很快从她的脸上移开并说道："我只是随便看看。"

这时，电话铃响了。葛瑞丝去接电话，结果她一不小心将摆在柜台上的盘子碰翻了，盘中有6枚精美昂贵的耳环。葛瑞丝慌忙弯腰去捡，可她只捡回了5枚，怎么也找不到第6只。当她抬起头时，看到那位男子正慌忙地向门口走去，顿时，她明白了那第6只耳环的去处。

当这名男子正要开门往外走时，葛瑞丝轻声地叫道："请等一下，先生。"这位男子听到叫声，转身看着葛瑞丝，此时，葛瑞丝的心跳得十分厉害，心想，他要是报复我该怎么办？他会不会伤到自己呢？

葛瑞丝极力控制自己的情绪，微笑着说道："先生，今天是我第一次上班，你知道，我找到这份工作很不容易，您能不能……？"

男子用极不自然的眼光长久地审视着她，看到葛瑞丝一脸诚恳的表情，他说："是的，的确如此。""我也相信你会做的很出色，我祝福你。"这位男子接着说道，并在说话的同时将手伸向她，他们相互握了握手，然后，这名男子走出了商店。

葛瑞丝目送着他的身影在门外消失，转身走回柜台，把手中的第六只耳环放回原处。

葛瑞丝是聪明的，面对这位男子的过错，她没有得理不饶人，也没有采用咄咄逼人的语气跟他索要那一只耳环，而是采用宽容的办法，设身处地地为他着想，巧妙地化解了尴尬，最终让事情得以有效地解决。

要做一名快乐的女人，你一定要学会宽容，宽容能使你保持一种恬静的心态，在这种状态下，你才能更好地去做你想做的事情。

当然，宽容不是无条件的，绝对地要因人、因事、因时、因地而异，所谓"大事讲原则，小事讲风格"，即是应取的态度。

处处宽容别人，绝不是代表软弱，绝不是面对现实的无可奈何。学会宽容，意味着你的心情更加快乐，宽容可谓女人一生中最有魅力的财富。

第九章

何必太计较，为而不争，
幸福自来

　　很多女人可能都有过这样的感觉，一段时间，内心总会被莫名的坏情绪包裹着，总是忍不住会向周围的朋友抱怨：抱怨同事的刻薄，抱怨上司的苛刻，抱怨工作太难进展，抱怨家人的不理解……周围的一切好像变得让人无法忍受。其实，这主要是因为我们太过计较的结果。要知道，很多时候，快乐不是因为你获得的多，而是因为计较的少。如果我们不能够在平淡的日子中体味属于自己的幸福和快乐，心中只容得下私利，那么，你拥有的再多，也很难感受到丝毫的幸福和快乐。

1. 幸福在彼岸，豁达正是船

孔子认为，一个真正成功的人具备包容、恭敬、诚信、灵敏、慷慨五德，而包容居五德之首。包容所持有的心态便是豁达！

当女人变得豁达，会以一种博爱的心态看待所有的事情，以开阔的心胸坦然面对人生的坎坷与世事纷争。例如，领导对你的批评指责，同事背后议论的流言蜚语，家人感情上的疏忽或冷漠，婆媳之间时而发生的小纠葛，朋友的背叛……

这些事情都会在一个豁达的女人面前大事化小，小事化了，取而代之的则是嫣然一笑，是非恩怨，她们从不放于心上。正所谓"船到桥头自然直"，而豁达正是船，无论遇到任何的艰难险阻，顺其自然，淡然处之，总有到达彼岸的一天。

而有些女人心小如针，而且只会按照自己的思路行事，从不关心别人，颐指气使，任何人都不能违背她的意愿。这样的女人，不仅心胸狭隘，还容易被随时躁动的情绪所掌控。

有的女人天生比较敏感，她会因为男人的一个眼神、一个反常的动作、一股异常的味道而心生怀疑，进而引发了无数场家庭战争。

有人说："女人的意义不在于厨房和化妆，而在于使这个世界变得平和。"

当女人变得豁达，就少了许多仇恨，少了许多忌妒，少了许多诡诈。当我们具备海纳百川的胸怀，双眼会越发灵秀，看到的世界一片祥和。包容世间的风风雨雨，用平和的心态绘制一份和谐的蓝图。拥有豁达之心的女人，在举手投足、谈吐之间都会取得他人的尊敬与信任。

长年累月的超支和透支，大量的工作、强大的压力几乎让冯芸喘不过气来，这其中有一半压力都是她强加给自己的。冯芸对每一项任务，对每一个岗位，对每一个细节，对每走一步的火候，都无半分懈怠，所以她一直活得很累。

看遍了人生的苍凉和悲欢离合，这让冯芸开始寻找解脱的答案。直到她遇到一位渔翁，将钓上来的鱼全部重新放回江中。因不解她上去询问，渔翁说："我每天都来这里钓鱼，也只能靠此维生，大家叫我穷老鬼，的确饥一顿饱一顿，这不是怨天尤人就能解决的。活了一辈子的人，对我这糟老头子来说，每天的快乐就是平淡地接受一切。瞧，鱼篓里还有条半寸的小鱼，这就够了，我还需要什么呢？"

冯芸看着渔翁离去的背影恭敬地鞠了一躬，那个伛偻的背影却是如此伟岸。

拥有一颗豁达的心，再多的烦恼与愁苦也无法侵蚀你的生活。豁达是一种开放的心态，是对事实的尊重，不是狭隘，也不是软弱，而是一种智慧，是对工作的创新、对生活的热爱。

当我们懂得豁达，完全可以做到"一笑泯恩仇"，从而无忧、无惧、无惑，变得更加宽容、坦然、洒脱。而豁达不能靠追求获得，而是充盈自己，开阔视野，开阔知识，从而让心更加开阔。"一览众山小"，做到这些，自然而然地便觉得有许许多多的计较是不值得的。

豁达的女人快乐并幸福，豁达的女人优雅，具备极高的涵养。有人曾说："当你把周围的人都看成天使的时候，你就生活在天堂里。反之，当你把周围的人都看成魔鬼的时候，你就生活在地狱里。"

2. 世上本无事，很多烦恼都是臆想出来的

"世上本无事，庸人自扰之"。有的女人喜欢胡思乱想，原本安静的生活，却偏偏要制造出一些小事端来让自己烦恼。例如，同事之间的窃窃私

语，肯定在说你的坏话；这个月的工作状态不佳，领导肯定要训话；八月十五忘记给婆婆买礼物了，一定又会挑理；男朋友和那个女人聊得很火热，已经变心了吧……

难道不觉得这样很累吗？的确，因为过于在乎才身不由己地臆想，但这些却伤害了你自己，过多负面心思的猜想会让你越加忧虑，在失去自信与信任的同时，也危害着你的身心健康。

有一位商人的妻子，整日愁眉苦脸，晚上都无法入睡。她的丈夫看到妻子心里很难过，就让她去咨询心理医生。

当医生看到她因为熬夜而红肿的双眼后便问她："你是做买卖的吗？"

她说："我的丈夫是位商人。"

医生继续问："那您的丈夫做的是什么买卖？"

她回答说："他是养羊的，并且进行深加工。"

医生笑着说："放心，太太，问题不大，你回去后如果再无法入睡就去数一数自家的羊。"

商人的妻子遵照医生的嘱托，在睡不着的时候便开始数羊，可是却没有任何的效果。

第二天她来到医院问医生说："为什么我还是睡不着？"

医生问："你数到多少？"

她答："数到四万只。"

医生惊讶地说："你数了那么多，居然没有一丝一毫的睡意？"

她说："本来有了睡意，可是一想那么多的羊，这羊毛要是不剪下来多可惜啊！可剪下来销路怎么办呀？于是越想越睡不着。"

想要被幸福包围着，做个快乐、轻松而光彩照人的女人，就去冲破臆想的牢笼，否则你将永远生活在痛苦之中。像那位商人的妻子，总是习惯用消极的心态去想一些事情。尤其是那些多愁善感的女人，万事万物在她们的眼里都充满了悲哀，哪怕一片落叶都会激起内心的涟漪，浮想联翩。

有一颗慈悲之心是好的，可以缅怀所有值得同情与爱怜的事情，但整天将自己装在一只充满哀愁的臆想瓶里，想象着所有的悲哀，迟早有一天会被那股压抑的气氛折磨得精神抑郁，身心俱疲。

生活中有太多的无法自拔，对于所爱的人我们只希望自己成为他的唯一。当夫妻或者情侣之间发生不可避免的争端，爱幻想的女人总是将事情推向悬崖那边，怎样最糟糕，怎样去定义。

朵洋的男朋友性格开朗活泼，而且非常优秀，很受人欢迎。朵洋的男朋友一直顺着她，跟别人接触尤其是异性总是小心翼翼的，因为朵洋是个很爱吃醋的女人。朵洋男友的一位同事就住在他们家斜对面，那个女人离婚了，还带着个 10 岁大的女儿。因此，朵洋男友经常过去帮她忙。

有一天夜里 12 点已过，那个女人和她女儿非要吃烧烤。朵洋不想去，她男友也就没去。那女的可能喝了点酒，在板房门口摔了一跤，脚划了一个大口子。她女儿回来叫人帮忙，于是朵洋的男友便背着她送往医院。这让朵洋更是无法接受。

自从那天之后，朵洋总是想，是不是他们之间有什么秘密？一次他们吵架，男友居然不见了一晚上，是不是整晚就在这个女人家里？想到这里，朵洋觉得很不安、很紧张，心情特别烦躁，越来越不相信自己的男友，因而时不时地总是吵架。

爱情需要两人之间的互相信任与理解以及相互扶持为基础才能够永久。既然他选择了你当恋人，那么他是爱你的，如果不爱，他不会无聊到在没感情的人身上浪费时间。而你的胡思乱想却深深伤害了对方对你的信任与呵护，从而造成彼此之间的隔膜。与其胡思乱想，不断地压抑自己，不如问个明白。两个人之间真诚地沟通，不仅能解答你内心的疑惑，还能够牢固彼此的感情，让对方知道你对他的在乎。

叶落归根是为了哺育来年的新绿积蓄养分，孤杆净枝是维持生命，减少消耗养分等待新生。因此，女人要幸福，就要像风一样，不要为落叶而伤感，不要为孤枝而寂寥，而是好好地学会享受现在。

朋友的背叛、熟人的闲言碎语让你整日疑心重重、郁郁寡欢，未来的事业、爱情以及婚姻让你担惊受怕，为抓不准的事情思前想后。与其让自己生活得这么痛苦，不如笑一笑，自我嘲解一下，告诉自己别再平添烦恼。幸福的女人，只会安乐地享受生活中的惬意，不错过任何一个能够快乐的理由。

3. 你不和他计较，自然没烦恼

生活中，难免会与他人发生摩擦。俗话说得好："做人留一线，朋友好见面。"有些事情，能不和对方计较就不要计较，毕竟我们要面对的事情太多，与他人争执，无疑是腾出时间来给自己制造烦恼。计较的结果无非两种，一种是你胜利了，所以对方从此痛恨你，有些小肚鸡肠的人甚至会时不时给你制造些麻烦来报复。而另一种是他胜利了，你从此背上一个不好的名声。但无论哪种都不是我们想要的。

虽然我们有意避免与人发生冲突，却总是遇到一些人因为某些事而产生分歧。当自己去做事情的时候，往往都是想努力地把事情做好，所以每一步都很认真，尽量做到万无一失，但是有些事情却往往事与愿违，或者会有些意想不到的困难。

龚丽娟经同学介绍去了一家保险公司，经过一个月的基础培训，龚丽娟很快开始跑业务。同学告诉她几个诀窍，跑业务必须要执着，不能因为对方不接受就放弃，说话一定要甜，一定要会抓客户的心理，如果他家有孩子，第二次一定要买些零食、水果之类的东西，等等。站在一所刚成立的公司面前，龚丽娟给自己稍微打打气，就进去了。等找到公司的老板，她刚说完自己是推销商业保险，那老板头也不抬就让她出去。龚丽娟立刻蒙了，但想到同学给的方法，她又理了理头绪，开始介绍商业保险的好处，还不停夸赞公司的宏伟与老板的不凡。那老板抬起头来，呵斥道："叫你出去没听到吗？"龚丽娟费尽口舌地解说，结果人家不仅不听还臭骂了她一顿。怎么说也是个女人，从小到大还没有人这么骂过她，龚丽娟立刻将同学的嘱咐抛到九霄云外，指着那老板骂道："你以为你有什么了不起的，不就是开了个破公司吗？拽什么拽，有钱就了不起吗？"龚丽娟一阵大骂后，被叫来的保安轰出了公司。愤愤不平地回到公司，结果几个领导围着龚丽娟就是一通呵斥，因为她的缘故，公司被起诉，不仅要赔偿对方，还要当面赔礼道歉。

尊严受到侵害，我们的第一反应就是反抗，却忘了顾虑后果。在工作中，我们要与形形色色的人打交道。如果遇到一些爱挑剔或者言语不当的顾客，反唇相讥只会给你带来不必要的麻烦，甚至丢掉工作。

不要与那些恶意伤害或者指责的人斤斤计较，他那样的举动既然让你觉得非常没有素质与涵养，那么我们又何必成为他们中的一员？面对他人的恶意伤害，不如坦然处之。微笑是对对方最有力的还击，当他们看到你真诚的微笑时，反而会觉得羞愧。

婚姻意味着两个人要承担起生活上所有的事情，家庭中琐琐碎碎的事情太多太多，这就需要两个人共同努力来维持。但同样地，偶尔的小摩擦是不可避免的。

烟妹嫁给宋昱后，就一直和他在深圳生活。两个人是直接在深圳领的结婚证，没有举行婚礼。最主要的原因是烟妹是个孤儿，举行婚礼没有娘家人不合适。还有个侧面的原因，宋昱家庭条件一般，婚礼太铺张浪费，所以烟妹懂事地没有要求这些，这让宋昱对烟妹一直心存愧疚，因此对她特别疼爱。

烟妹只见过宋昱的父母一面，所以不怎么熟悉。一次宋昱出差，烟妹因有身孕一人在家。一日买菜回来，门口站着一位老大爷，烟妹上前礼貌地说："大爷，您找谁？"那个老大爷看了看眼前的女人，生气地说："你叫我什么？"烟姝不明所以，以为他耳朵不好使就又叫了声："我说大爷，您找谁啊？"那个老大爷更是火冒三丈，吼了声"我谁也不找"就走了，弄得烟姝一头雾水。

等宋昱回来后，烟姝把这事告诉他。宋昱一听不太对劲，就问了那个大爷的特征，这下可好，是他的老父亲。宋昱赶紧给家里打电话，结果被骂了半天。那边挂断了电话，宋昱气愤过头，指着烟姝斥责她不懂事。而烟姝静立一旁什么话也没有说。第二天烟姝说要去同学那里住两天，宋昱认为她是赌气要走，警告她说出去就再也别回来了。

三天过去了，烟姝始终没有回来，宋昱开始后悔了，她还怀着身孕啊。这时他接到老家的电话，电话那头，父亲、母亲争抢着话筒夸儿媳妇多么多么好，专门去看望他们，还给他们买了什么，帮他们添了什么。可是当他知道烟姝原本昨天就该回来的时候却没有回来，他悔恨地夺门而出去寻找，等到了楼底下，烟姝正拎着蔬菜回家来。

烟姝笑看着心急火燎的丈夫，宋昱跑到她跟前，深深地将妻子拥进了怀里。

夫妻在生活中难免磕磕碰碰。当发生了口舌之争，不如静静地等待对方发完牢骚。当然，这绝不是要你冷战，不予理睬，而是不要与他太过计较，即便是他的不对，也不能争出个输赢来，争吵只会增大夫妻之间的隔阂。纵然你胜利了，不仅驳了丈夫的面子，还会使你在他心底大打折扣。时间是揭开一切真相的最佳侦探。当他明白事情的真相时，会对自己的行为自责，你的善解人意无形中加大了你在他心底的分量。

懂得维护幸福的女人，不会为了不必要的争端与他人斤斤计较，而是大度地容忍或谅解。毕竟争端只会让事情变得更加糟糕，除了给自己添加麻烦，起不到任何好的作用。她们的善解人意总能够赢得对方的夸赞，纵使没有惊天动地的事业，但淡定自若与优雅的气质，会令男人望而赞之，令对方尊重、爱戴。

4. 幸福经不起斤斤计较

"东边来了一只羊，西边来了一只羊，一起走到小桥上，你也不肯让，我也不肯让，扑通一声掉到水中央。"这是一首儿歌，说的道理很明白。然而，有不少人却不能做到这一点，经常会为一点小事而斤斤计较。

岚欣与前任男友因经济问题分手，最终人财两空。现在跟新男友阿华在一起，有了前车之鉴，她变得十分精明，喜欢算计，凡事主张 AA 制。

阿华想换份工作，在找工作期间。岚欣告诉他："你必须马上找到一份工作，我给你一个月时间，一个月后，咱俩分账过。"气得阿华不知该如何回答，整个晚上没和她说一句话。待情绪平静后，阿华向她直言算计的危害。可岚欣根本不当回事，依旧我行我素。

有一次，阿华请人吃饭忘了带钱包，便让岚欣先付了一下，哪知她却当众问阿华借多少钱，回家时得还她。这让阿华觉得很丢面子，回来时同她大吵了一架。

就是因为岚欣在这方面太斤斤计较了，两人的争吵越来越多，最后也以分手而告终。

凡事不能不认真，凡事不能太认真。一件事情是否该认真，要视场合而定。岚欣就是因为太过于认真计较了，才导致了他们二人的分道扬镳。

生活中斤斤计较的人并不少见，他们买东西要算计到几分钱，与人交往在意自己是否吃亏上当，他们计较自己得到了什么，更计较自己失去了什么，到最后他们并没有比别人多得，更没有比别人快乐。

在日常工作生活和婚姻生活中，凡事不可斤斤计较，当付出与回报不成正比——虽然付出的多得到的少，但不要抱怨，不要怀恨，更不要为之大为恼火。要学会知足，要珍惜已经拥有的一切，并扎扎实实地做好每一件事情，尽好自己的责任和义务。

如果你觉得工作枯燥，或收入不能满足需求，切不可懒散懈怠不求上进，要以饱满的热情和积极的心态，投入到工作之中。要知道，只要努力工作、扎实肯干、辛勤劳动、肯吃苦，在取得工作业绩的同时，也会得到相应的回报。

丹丹最初进入这家公司工作时，职务很低，现在已成为总经理秘书了。她之所以能如此快速地升迁，秘密就在于"每天多干一点"。

她是这样解释的："工作之初，我就注意到，每天下班后，所有的人都回家了，而经理仍然会留在办公室里继续工作一段之间。因此，我决定下班后也留在办公室里。尽管没有人要求我这样做，但我认为自己应该留下来，在需要时为经理提供一些帮助。后来，经理发现我也在办公室，于是，他会指派我一些工作。"

正是因为丹丹的这种工作态度，使她获得了提升。

相反，那些斤斤计较自己的得失，为了一点儿小小的利益就与同事打破脑袋；又或上司分给部门一个临时任务，这个员工一看任务有些麻烦，便借故推给其他同事，自己则一身轻松……这样的员工看似精明，实际上对自己很不利，因为这样做的结果是，一方面他很难得到团队成员的认可，另外一方面他也很难受到公司领导的赏识。

另外，婚姻生活中的每个人都是不完美的，每个人身上都有优点和缺点，在日常生活中要多看对方的优点，多包容对方的缺点——如果发现对方身上存在某些缺点和不足，可以婉言相告，以待其改正和弥补。切不可将对方身上的一些缺点抓住不放，切莫以放大镜看对方的缺点，以免一叶障目而看不到对方身上的优点。

不要斤斤计较，换句话说，就是你要做一个豁达大度的女人。这样才能更好地包容琐事和宽容他人，才能减少一些纷争和矛盾，才能使人生的

184

道路更平坦而少一些挫折，才能让生活更加的幸福美好。

5．生命如此短促，怎顾得计较小事

一百年有多长？我们常常感叹生命的短暂，因此自古以来有很多人在追求那虚无缥缈的长生不老之术。生命是短暂的，然而我们总是在不知不觉间将时间挥霍，为了一些无伤大雅或者鸡毛蒜皮的事情而斤斤计较，幸福在那一刻的恶劣心情下被埋葬，原本未知的生命又离消逝近了一步。

空旷的大草原上，有一条双头蛇，因为没有太多的遮掩物，它们必须一个休息时，一个提高警惕，防止猎鹰袭击。虽然共用一个身体，两个脑袋却有着各自的思维，其中一条又贪吃又懒惰，另一条则很机警。因此，机警的蛇头总是负担一半以上的工作，但是它没有任何怨言。

一天，本该懒惰的蛇头值班，但它却在呼呼大睡，而机警的蛇头也不计较，时刻保持警惕。这时天上突然掉下一只刚死去的仓鼠，似乎是其他肉食鸟类不小心丢失的。仓鼠散发出诱人的香味，机警的蛇头觉得懒惰的蛇头睡得很沉，打扰它实在不太好，反正都共用一个肚子，谁吃效果都一样，所以仓鼠被它吃掉了。

等懒惰的蛇头醒来后，敏锐地嗅出香美的肉味，便问它是不是吃了什么。

机警的蛇头说："是一只仓鼠，我见你睡得正美，所以没有叫醒你。"懒惰的蛇头一听心生愤懑：这就是自家人，有祸一起挡，有福它独享。懒惰的蛇头冷哼了一声，心生怨恨，便告诉机警的蛇头，这几天它来值班。

一天懒惰的蛇头正昏昏欲睡，突然一个东西砸了下来，一看是一只肥美的仓鼠，但它口吐白沫，应该是中了毒。懒惰的蛇头看着机警的蛇头，怨恨道："这点小毒吓不到我，估计你那天吃的仓鼠也没有今天如此肥美，你不仁我不义，自己慢慢享用了。"懒惰的蛇头很快将仓鼠吞进了肚子里。正在它为口中残留的美味高兴时，一阵剧烈的疼痛传遍全身，不消片刻，双头蛇死去了。

因为一些小矛盾而喋喋不休，只会扩大内心的负面情绪，造成报复的心理趋向。然而要报复一个人，是需要大量的时间和精力的。即便你让对方付出了代价，你真的快乐吗？就这样失去了人生原本最美好的时光，得到短暂的快乐，或许悔恨已经掩藏在你的心底。

其实当我们感到不公、委屈而做出的反击，也无非是想让对方感同身受一下他所对你造成的痛苦和不幸。可报复只会让我们变得心胸狭隘，对人失去信任。

在这本就短暂的生命中，却让一点又一点的仇恨占据，没有阳光的内心，我们又岂会感受到生命的快乐？

一位著名的作家，她出身于极其穷困的家庭，之所以有如此卓越的成就，全归功于她百折不挠的精神与长期奋斗的毅力。当她垂暮之际，不少有名的书社开始征集她那些私密的佳作，原本不多不少的酬劳突然翻了几倍之多。可好景不长，没多久她病危了。

很快，有不少朋友、记者或文学青年前来造访。有位记者问她："您一直是奋斗于恶劣环境中的胜出者，那种不屈于命运、百折不挠的精神使我们敬佩不已，作为您忠实的读者，我们时刻崇拜与敬仰着您的伟大，您之所以胜利的秘诀，可否留下作为对后世之人的引导？"

那位作家仿若未闻，只是看了一眼周围的人，什么话也没有说。这时有个孩子穿过人群，握着那位作家的手说："老奶奶，我爸爸说您告诉我一些事情，可以让我以后成为像奶奶您一样的人。"那位作家反手握住孩子的手说："奶奶没有秘诀，不过孩子，你可以看看书中的这句话。"老作家刚说完这句话，便闭上眼睛与世长辞了。周围的人感到悲痛的同时都听到了老作家最后的话，于是去看书中的答案，而在那一页上写着：人若赚得全世界，赔上自己的生命，有什么益处呢？人还能拿什么换生命呢？

是啊，即便我们得到了整个世界，却也付出了整个生命。对我们而言，到底得到了什么？在还是孩童的时候，我们常常有这样的举动，别人碰了你一下，不管有意还是无意，我们都会打一下还回去。那时候我们少不更事，可能就在这一来一往中打闹嬉笑后不了了之。然而现在的我们已经长大，对生命有着不可推卸的责任。

当一些不好的事情发生在我们身上，无论是怀恨在心还是纠缠不清又或者报复，这都是对我们生命的不负责。在我们出生的那一刻，就像一张白纸，纯真无瑕。生命是为追求快乐、寻找快乐、创造快乐而存在的，我们没有理由拒绝幸福。

人的一生就是由数不清的小事组成的，为这些鸡毛蒜皮的小事去伤脑筋，浪费时间，实在不值得。事情已经发生了，伤害也已经造成了，用不断的怨恨对那个人诅咒，让自己生活在愤怒和仇恨的煎熬中，那么你失去的要多得多。

所以，请不要再在小事上耗费精力，浪费时间。我们要用开阔的胸怀，忽略或是忘却许多不愉快的经历。不要为了一些微不足道的小事失去理智，要宽以待人，学会包容他人，这样就能让自己过得更轻松。

6. 不要过分计较公平

前几天，阿雅接到了正念初中的堂妹的电话，乍一接听，心里一惊，电话那头传来了哭泣声。后来好不容易才从她那断断续续的诉说中听明了原委，原来是一向优秀的她竟然没有得到第一批入团的机会，心里委屈得慌。

听完了她的诉说，阿雅并没有顺着她的语调埋怨谁，只是简简单单地告诉了她几个字：生活本来就是不公平的。

"为什么优秀员工的名单里有她而没有我，这不公平！" "为什么让我做不让他来做？这不合理！" 人们常常要求公平合理，每当发现周围有处事不公的事情时，尤其是和自身相关时，心里会不高兴。要求公平本是一种正常合理的心理要求，但是，如果你因为不能获得公平就产生一种消极的情绪，那就得不偿失了。

时任美国财政部长的阿济·泰勒·摩尔顿到南卡罗来纳州一个学院对全体学生发表演说："一个人的未来怎么样，不是因为运气，不是因为环境，也不是因为生下来的状况，如果情况不尽如人意，我们总可以想办法加以改变。一个人若想改变眼前充满不幸或无法尽如人意的情况，只要回答这个简单的问题：我希望情况变成什么样？然后全身心投入，采取行动，朝理想目标前进即可。"

假如当初阿济·泰勒·摩尔顿一味感叹命运的不公平，一味抱怨生不逢时，那么，她或许就没有今天的成就了。

生活中，绝对的公平是不存在的，我们应该承认这一客观事实。只有以正确积极的心态接纳了它，我们才能放平心态，找到属于自己的人生定位。身为女性，我们要获得快乐，就该以这样的心态面对生活：

（1）不必事事苛求公平

女人的心理常常受到伤害的原因之一，就是要求每件事都公平。其实，世界上根本就没有绝对的公平，不必事事都拿着一把公平的尺子去衡量，否则就是自己和自己过不去。

一位年轻的少妇曾向好友诉说自己不愉快的婚姻生活。比如她的丈夫因为一句话惹得她生气，她便大发雷霆地说道："你怎么可以这样说，我可是从来没有向你说过这样的话！" 当他稍稍让她多做一点家务活时，她便说道："这事该你做，我带孩子的时间比你多，我比你累。"

这位女士在婚姻生活中处处要公平，难怪她的日子过得不愉快，整天都让公平与不公平的问题搅扰自己，却从不反省自己，或者设法改变这种不切实际的要求。如果她能对此多加考虑，相信她的婚姻生活会大大改观的。

（2）设法通过自己的努力来寻求属于自己的东西

生活是不公平的，这着实让人不愉快。但这一事实并不意味女人不必尽己所能去改善现状。恰恰相反，它正表明我们应该这样做。当我们没有意识到或不承认生活并不公平时，我们往往怜悯他人也怜悯自己，而怜悯自然是一种于任何人无补的失败主义的情绪，它只能令人感觉比现在更糟。反之，若能以此来激励自己，或许情况就能得到改观。

一家知名的广告公司发布了一则招聘信息，需招聘图片设计师一名。经过一系列严格的考核之后，有两位很优秀的年轻人进入到最后一轮，一位是菲菲，另一位是梦洁。

考核开始了，菲菲和梦洁打开面前的电脑，可菲菲开机后，发现自己这台电脑的速度比梦洁的要慢很多，她电脑还未启动完毕，梦洁已经开始进行作业了。此时，她觉得考核不公正，因此她心里开始变得焦躁起来，由于情绪不稳定，导致她在作业过程中错误连连。

最后面试官给出的评判结果是梦洁胜出，尽管如此，菲菲还是说出了她心中的不满，对此，面试官这样解释道："是的，你工作的这台电脑，其配置确实不如梦洁的那台，但是你可知道，她那台电脑上根本就没有安装图片制作软件，她需要先下载这个软件才能完成作业。而她并没有显露出丝毫的情绪，并最终交上了一份漂亮的答卷。"

有时候，我们往往是被自己臆想的不公平所打败，故事中的菲菲正是如此。

（3）改变衡量公平的标准

不公平是一种进行比较后的主观感觉，因而只要我们改变一下这种比较的标准，就能够在心理上消除不公平感。比如，这次没评上先进，觉得很"不公平"。但是如果换一个角度想想，就会发现其他同事也许比你更出色，许多和你一样甚至强于你的人也没评上，也许这样一想，你就不会有那么多怨言了。

一家公司因经济效益下滑需要裁员，名单上有行政部的艾达和曼妮，规定一个月之后，她们必须离岗。

第二天上班，曼妮的情绪仍很激动，拉着一张脸，对谁都没有好脸色。原本是她分内的工作，她一想到裁员名单上有她，她便不好好做了，心想："我工作一向也很努力，凭什么让我离开？这对我来说太不公平了。"

而艾达在裁员名单公布后，虽然心情也很低落，但第二天一上班，她仍和以往一样地工作。由于大伙不好意思再吩咐她做什么，所以她便主动向大家揽活。她想反正这样了，不如干好最后一个月。于是，在接下来的一个月里，她比以前更努力了。

一个月后，曼妮如期下岗，而艾达却从裁员名单中删除，留了下来。公司是这样解释的："像艾达这样的员工，公司永远不会嫌多！"

我们每个人在抱怨不公平之前，不妨先问问自己：自己是否足够努力了？是否和别人做得一样好？

普希金有一首我们都非常熟悉的短诗《假如生活欺骗了你》："假如生活欺骗了你，不要忧郁，不要愤慨；不顺心时暂且忍耐。相信吧，快乐的日子将会到来。"

生活中难免会有不公平，如果我们遇事总是斤斤计较，怨天尤人，那么也只能活在忧郁之中，最终可能会被生活击垮。与其这样，还不如换一种心态，不追求绝对的公平，遇事稍糊涂一些，才能活得快乐，活出精彩。

7. 别为偶尔的批评抓狂

我们都喜欢被人夸奖，而面对他人的批评指责却是满心介怀。是的，没有人喜欢被批评，即便有时他人的批评并非是出于对个人的不满，而是因为我们做的事情或者态度没有达到相应的要求，这时，他人的批评反而是对我们的建议，是善意的提醒，让我们了解自身的不足和缺点，以便更好地弥补、完善自己。但就算如此，批评依然让我们内心感到不舒服，如果他人无休止地说下去，我们反而会出于本能辩解一番，但不会造成其他太严重的后果。

可如果对方是恶意的，出于无事生非的批判，则会在一瞬间激怒我们，与之发生口角之争。

一位妇人用恶毒的语言攻击了李路。李路是公司人事部的主管，一直很认真地工作，可那位妇人却诬陷她经常盗取公司的公共财物，并且批评她身为主管竟然利用上班时间拉拢公司里的一些男士，当然公司内很多人清楚地知道这纯属瞎编乱造。她之所以在没有弄清楚事实真相的情况下恶意诬蔑，只是为了让自己的内心平衡。她曾经在这家公司做保洁，但是经常被李路发现偷懒或者工作不到位，因此，李路不得不考虑公司的形象问题，便将她辞退。由于她怀恨在心，所以恣意生事。但李路却没有做出过多的反应，也没有因此而去找那位妇人理论，久而久之，那位妇人见无人理睬，也就不再出现在公司附近传播谣言。

面对对方恶意的批评，我们强大的自尊心自然会做出反抗的念头，生气、愤怒。然而，当这一系列的情绪变成行动轰击到对方身上后，除了让对方变得伤痕累累，被一双仇恨的眼睛盯视，我们感到胜利后的喜悦了吗？答案是：没有。

愤怒让我们的情绪跌宕起伏，时刻被紧张和焦躁包围着，即便打击了对方，我们的情绪也无法恢复到最初的状态。其实想一想，他人的恶语中伤真的能让自己置之度外吗？人与人之间的摩擦是双方面的，如果你与他素未谋面，他对你的恶意从何而来？难道只是他看你不顺眼？这样的人似乎没有几个。

脾气再好的人，也会因为一些事情而愤怒、发火。但引起愤怒的人或事必定是有缘由的，不会无缘无故地产生。生气的时候尝试控制一下情绪，从对方的角度去想想，愤怒的火气也会平息下来的。

余秋雨说："夸夸其谈的造谣者总喜欢摆出一种居高临下、明察秋毫的架势，很容易镇住很多知识水平和心理素质比他们低的人。被镇住的人没有能力辨别真伪，而那些有识之士又不屑与他们饶舌，于是他们在造谣的能力上也往往非同一般。对于这样热心的人物我们往往也无可奈何，但我想只要是喜欢看相声的朋友们立即就能领悟。忌妒者总是在强者中寻找对象，他们不会盯住一个来日无多的老者，也不会在乎一个穷困潦倒的才子、身陷囹圄的义士，而总是与正处最佳创造状态的生命体过不去。这不能不使他们长时间陷于自我惊吓之中。对方的每一个成绩，都被看成针对自己的拳脚，成绩不断则拳脚不断。因此只能时时圆睁着张皇失措的双眼，不等多久已经感到遍体鳞伤。"

面对他人的批评指责，眼泪、愤怒、报复，所有的这些只会给你带来伤害，会让一个原本美丽的女人失去美貌，一个原本聪颖的女人变得愚蠢，一个原本善良的女人变得狰狞，然后在孤独和寂寞中迅速老去。

当我们受到他人的批评指责时，当我们受到对方不明所以的怨恨时，当我们受到不合理的待遇时，报复对方只会将事情变得越来越糟糕，不仅伤害了对方，对自身也是一种伤害。对方的冷言冷语像是一盆冰水，让我们浑身湿透，感到寒冷。但理智的女人，不会像个无头苍蝇一样冲着对方乱理论一番，而是先查清楚对方是否出于无意识行为。与其不加判断地加入反击中，不如去问个清楚，正视对方，将矛盾摆在台面上。当然，如果真遇到那些为了私欲或者是出于不喜欢你，最好的办法是不予理会。

当对方说："你提的建议简直烂到了极点，别太高估自己了，你以为你是什么人？"在职场上听到这样的话，的确相当没有面子，但这时候针锋相对只会让其他同事把你们两个当成笑料。不如直截了当地说："虽然不足，但不是最糟糕的。"言语清楚地表达你的观点，只会让对方知道你没有受到他丝毫的影响，或者来点儿小幽默也能缓解压抑的氛围，让彼此都下得了台，也能让对方知道他的行为很幼稚。

当有人说："这菜真难吃，恶心死了！"或者说："这文章不好，是你写的？"这无疑是对你辛苦劳作后的成果的恶意质疑。但如果我们仅仅为了维护个人的尊严而恶语相向，只会在降低了自身素质的同时，让矛盾进一步激化，毕竟你的回击也是对他们判断上的质疑。这时候我们不如说："既然不合胃口，那下次请你来做吧，相信你的手艺与鉴赏能力都不错。""不会是看错了吧！您看的是我的文章吗？"面对对方的挑衅，沉默只会让他们得寸进尺，如果把问题巧妙地丢给他们，只会在不显山露水的情况下给予警告，让他们知难而退。

在社交或者生活中，此类小事还有很多，抓狂、愤怒、报复解决不了任何问题。俗话说，"多一事不如少一事"，简单悠闲的生活才是我们真正的向往。如果能很快地将本就简单的小事化了，而不至于愈演愈烈，也就不会为那些偶尔的恶意批判毁坏了原本宁静和谐的生活。

8. 有些争执，你可以让步

每根火柴都蕴涵着自己的火焰，而世界上每个人都有自己的锋芒，当遇到挫折与攻击的时候，身体的每个神经都会做出预警，奋起反抗。然而有时候，有些事情，争执反而是多余的，不仅毫无意义，反而会对自己造成损失。

以前狐狸看到乌鸦嘴里叼着一块肉，狐狸会说："可爱的乌鸦呀，你拥有最乌黑亮洁的羽毛，你的歌声也一定很美很美，能否为我高歌一曲，满足身为疯狂仰慕者的我！"乌鸦听到狐狸的赞美，喜滋滋地张嘴就唱，结果那块肉就掉进了狐狸的嘴里。

然而现在，乌鸦变聪明了，不再随便受外界恭维的蛊惑。当狐狸看到嘴里叼着肉的乌鸦时轻蔑地说："我常听大家说你唱歌很难听，可以把活着的吓死，真的吗？"乌鸦听后，怒气横生，刚要张嘴高歌，嘴里的肉又被狐狸吃掉。

有些小纷争，甚至没有什么起因，只是口头上的一点言语刺激，这样的事情如果再去争辩个是非黑白，除了会将本不是事儿的事情闹大，还会给自己带来一身麻烦，让自己的心情受到负面影响，似乎有些得不偿失。

生活中，如果我们凡事都要争个高低，那将失去温馨和团结，取而代之的是相互猜忌和冲突。如果对方损坏了你一支笔，就要将他拉到黑名单中，你身边的朋友只会一个一个地消失，毕竟如此心胸狭窄的人是不受欢迎的。

在工作或事业中斤斤计较，只会成为我们进步的绊脚石，整日勾心斗角，遇到分歧就只认为自己是正确的，彼此毫不相让，这只会让我们得不到他人的帮助，并且离自己的目标越来越远。

当我们遇到一些意见不合或者小争执时，一定要分清楚做这件事的人是否是故意的。而不是盲目地把注意力全放到错了的事情上，把做错的事和做这件事的人区分开，已经发生的事情就让它过去。

一天深夜，33岁的出租车司机王娟正行驶在路上，在一个路口的转弯处，发现有一对年轻的夫妇抱着一个孩子正焦急地向路上张望。她感觉他们一定是有急事，就把车停在他们面前询问是否需要帮忙。男人很警觉地问她："你是黑车拉活儿的吧？到儿童医院多少钱？"王娟一听就知道是孩子病了，赶紧请他们上车，并事先声明她只是出于帮助。一路上这对夫妇左顾右盼，一直以警惕的眼神看着王娟，还不时地看看出租车上是否有什么利器。王娟起初觉得有些生气，没想到自己被当成了"犯罪嫌疑人"，不过后来想想也就算了，没什么大不了的。

等到了医院门口，一家人下了车，匆匆向急诊室奔去。刚进大门，那男子突然转过身，向正欲驾车离去的王娟笑着挥挥手。王娟看到那男子脸上的歉意和笑容要传达的感谢，她想如果当时没有克制住自己和他们发生口角，她或许看不到那么真诚的笑容。

有些事真的没有必要太过较真。因为如果一个人一直沉浸在对别人的愤怒中，整天都想着那个得罪自己的人，那么必定会影响到自己的情绪，甚至影响自己的健康。其实当争执不可避免地发生时，只要了解对方有此想法的理由，就能够设身处地地理解对方，那么即使原本再难以接受的事情，或许都能解决了，因为那时候你能用一颗包容的心去看待人或事了。

无论大事小事，学会宽容，宽容别人可以化解心中的伤害和痛苦。宽容是一份礼物，而且是互惠的，它可以让付出的人感到痛苦的缓解，可以让得到的人感到被接纳的喜悦。

在不少人眼里，宽容犯错的人就是怯懦的表现，就是向别人认输。抱着这样的想法，很多人宁愿任凭矛盾继续，如果对方不退一步，自己宁愿继续维持痛苦的现状也不肯改变。

每个人都会犯错误，你也一样。如果执着于对别人过去的错误，就会形成思想包袱，然后开始对人不信任，对事情耿耿于怀，什么都放不开，这样的情绪不仅伤害你自己，也会伤害对方。或许对方已经想对你表示歉意，可是你的"坚持"，只会让双方两败俱伤。

孔子说，"仁者不忧""不仁者，不可以久处约，不可以长处乐"。我们的坦荡习惯是仁者的习惯，自然就可以长处乐境。幸福不是在纷争中成为胜利者得来的，而是用一颗仁爱之心包容他人、谅解他人，从而让对方知道你善意的友好时，解放自己，让自身获得轻松。所以，创造快乐的主动权就在我们自己手中，只要我们自身不再执着于那些没有必要的小事，去主动创造快乐，那快乐将永无止境。

9. 肯吃亏的女人必有所得

"慢着，让我把好不容易得来的演唱会门票给你？岂不是很吃亏？不行，没门儿。""什么？凭什么你的工作要我去帮你跑腿？我正忙着呢，没空。""我刚做好饭你就又过来了，你鼻子还真是灵，我们家的粮食可不是偷来的，要花钱买的。"生活中处处存在着小利益、大利益之争，然而面对得失，我们往往是守得而不放失。

老子在《道德经》里有句话，意思是"人活着身体柔软，死后尸体就变硬。草木有生命时柔软，死后就枯槁萎缩。就战争而言，骄兵必败，哀兵必胜。大树往往被砍伐。所以说强大的往往处于下风，而柔弱的最终居于上位"。

这告诉我们，示弱并不是懦弱，而是一种以退为进的智者之举。"方便自己"不如"与人方便"，"退一步海阔天空"，当我们不再计较得失，"与人方便"则会成为"成人达己，成己为人"的捷径，是人生的一种境界。

要知道，"舍得、舍得"，有"舍"自然才有"得"，所以想要得到就必须先要会舍。而这其中的终点不是占便宜，而是对社会、对人多一点关心、多一些奉献，少一点自私、少一些冷漠，从而让我们的社会更加温暖和谐。在这里，"吃亏就是占便宜"并非贬义而是褒义，能理解吃亏就是占便宜，是为人处世的一种睿智。

康兰今天要去外婆家，当车正行驶到一半的路程，因为有些口渴便让司机停车去买水。当她赶回时，看到有两个人在与司机争执着什么。康兰过去后，看到一位 50 岁左右的老太太与一个十几岁的孩子提着两个大行李箱，看那神情似乎很焦急。康兰问司机，才知道两个人是准备去机场，飞机还有两个钟头起飞，如果再迟就赶不及了。

康兰正准备说话，那位老太太嚷着说："有没有完了？小时候老师是怎么教你们尊老爱幼的，没看到我们一老一小的快急死了吗？没素质。"

康兰听到这有些颠倒黑白的说辞，险些喷笑出来，似乎是秀才遇到兵了。康兰见司机有些微怒，便笑着说："师傅送他们先去吧，我等下一辆车。"说完，转身离去了。这里前无村落，后无城镇，相当地荒芜，要想等一辆出租车经过是非常难的事情，没有一个小时是等不到的。正在康兰站在公路边上眺望远处的风景时，却驶来一辆白色轿车，车上的女人叫康兰上车，说是她的一个朋友在开出租，给她打电话要她顺路接一个在路边等车的穿白上衣的姑娘。康兰感激地向对方谢过，搭车一同前往。也因此康兰认识了这位私人企业老板，成为她今后事业上的合作者。

当我们丢失了一件非常珍贵的物品，可以认为得到它的人也许有更加合适的用途；因为遇到不愉快的事情，你或委屈或郁闷，但是理解你的人则会把"善解人意"附加于你；或许你遇到了生命中的低谷，但这时你曾经帮助过的人会义无反顾地伸出手温暖你寒去的心，虽然有时候仅仅只是一声祝福，但其中的真诚是用金钱换不来的……

内心淡泊、行事低调的人很喜欢说"吃亏就是占便宜"，或许你会嘲笑，认为这是不着边际地采用阿 Q 精神来自我安慰。但并非如此，世上没有白流的汗。你每一次努力迈出一小步，日日积累，就会在今后需要的时候让你实现大距离的跨越。

在安徽桐城有个景点叫六尺巷，这条巷子的由来是这样的：说是在清朝康熙年间，当朝宰相张英的老家要修一所房子，结果和邻居发生了争执，寸土不让，张家人修书给张英，让他动用权力摆平此事。张英修书一封，只有四句诗："一纸书来只为墙，让他三尺又何妨。万里长城今犹在，不见当年秦始皇。"

张家人看后惭愧不已，于是后退三尺，打地基。邻居见了也是很羞愧，同样后退三尺。于是两家之间就有了这条巷子，称为六尺巷。

吃亏的人，能让大家觉得他们很有度量而让人敬重。的确，不在乎得失的人在人际关系上自然比别人好，少了利益的牵扯，而是纯粹出于朋友之间的真挚。

善于吃亏者，在工作上遇到问题时，他人也肯对其给予支持，给予帮助。毋庸置疑，能吃亏的人，都是心胸宽阔之人。而且只要我们留意一下历史便会发现，凡是成大事或有成就者必胸怀广阔，是能亏善失之人。

不管愿意与否，我们都必须学会吃亏。得到并不一定就是占便宜，学会吃亏，乐于吃亏，善于吃亏，很大程度上体现一个人是否具备端正的品行、高尚的思想。做人可贵之处，便是不计较吃亏。事实就是如此，自己主动吃点亏，往往能把棘手的事情做好，能把很难处理的问题解决得妥妥当当。

有得必有失，有失必有得。利益不能权衡一切，吃点小亏，给予他人方便，成全了他人的同时，收获了一份真诚与内心的豁达。不在乎得失的女人是幸福的，少了对世事的很多束缚，更多了一份洒脱与淡然。

10. 女人要偶尔装装糊涂

置身于爱情中的女人，总会听到男人说："我会让你做全世界最幸福的女人，别人拥有的，一样不会少。"因此，女人沉醉其中，然后嫁给了他。然而多年后，女人发现，别人拥有的自己没有，别人没有的自己同样无法得到。

工作中，你为一个项目倾尽全力，当成功的那一刻，最终受益的却是顶头上司，你得到的不过是一点慰问。

当朋友不经意损坏了你的皮包、首饰或者衣服；当知己因为不小心向他人道出了你多年的秘密……

其实这些事情我们不必太过计较，也不用太认真了，偶尔装装糊涂，就能让自己开心快乐。

一位成功的女企业家，开展了一项以救助贫困儿童就学的慈善活动。一次她正在一偏远山村考察，一位老人找到了她。告诉她自己年幼的孙女得了绝症，没有钱做手术，希望她能够施以援手，救救那可怜的孩子。女企业家听后直接将随身携带的一张存有十万多元的银行卡以及密码给了那位老人。然而事后发现那根本是个骗局，那个老人根本不是那儿的居民，也没有孙女。女企业家的朋友们取笑她倒霉，然而却发现她没有丝毫的气恼和沮丧，每天照样开开心心的。被骗的那些钱或许对她不算什么，可欺骗人的感情，就有些不好接受了。有人问她为何被骗还不生气，那个女企业家说："世界上又少了一位被病痛折磨的无辜孩子，难道我不该高兴吗？"

我们都是平凡的人，在心情郁闷的时候，适当地装装糊涂能幸福。或许我们被冠上了怯懦的名头，但更多的时候却是大智若愚、睿智的表现。

在男女相处时也是如此，聪明的女人，懂得把握适度，既不忽视男人的尊严，不和他们硬碰硬，也能做到特立独行。

王思思倾慕已久的一位同事突然对她说他喜欢上隔壁办公室的陈瑶，对此王思思心痛不已，原本打算表白的决心也开始动摇。因为踟蹰不定，她将烦恼告诉了好友，好友听后鼓励她不要放弃，只要他们还没有确立关系，就有机会的。好友告诉她，做女人不能太要强，事事要强会让男人心生畏惧，即便你很清醒也要偶尔学会装糊涂，偶尔撒撒娇，赞美一下对方，绝对事半功倍。

王思思抱着试一试的态度跟那位男同事接触。一天那个男同事拿来一份报纸，上面有个推理小游戏，男同事要她看看是否能推理出来，就当消磨时间。王思思不消片刻便看出了其中的突破口，但是她依然装作苦思冥想，不时地皱眉深思。后来，她嘟着嘴，撒娇似的说自己太笨，想不出来，要他告诉自己。那个男同事充满怜爱并心情愉悦地告诉她这个游戏如何解开。

当答案公布。王思思又崇拜又调皮地说："你太聪明了，不过，总有一天本小女子一定要胜过你这大男人。"那个男同事爽朗地哈哈大笑起来。渐渐地，那个男同事不再去找隔壁办公室的陈瑶，而是天天围在王思思身边，后来那个男同事向王思思表达了爱慕之心。

有时装糊涂相当于示弱，"英雄救美"的情节便是出于男人对柔弱女子的保护欲。无论我们多么理智清醒，面对心爱的男人，该装糊涂的时候就装糊涂，该柔弱时就示弱。有时，两人之间免不了一些小摩擦，争论也好，吵闹也罢，只会破坏彼此的感情，不如当做没看到也没有听到，好好地爱他、关心他，相信迟早有一天他会发现你的忍让是多么地不易。他同样很清醒，你付出的爱以及包容总会得到相应的回报。

人生难得糊涂，有些计较没有必要，反而得不偿失。我们很清醒，有些人情世故看得相当透彻，心知肚明才能够不失去方向。但清醒不代表事事需要理智地面对，糊涂从侧面讲是维护和谐的一种手段。聪明的女人想要立足，又不被排斥，既然知道有些话、有些事说出来会造成一些冲突或麻烦，那藏于心中即可。

幸福的女人不会计较对错，不会执着于真相，她们清楚地知道幸福的源泉掌握在自己手中。"小糊涂"胜过大聪明，它能让生活少一些烦琐的理念，让我们快快乐乐地缔造一份安然自若的恬静生活。

11. 安于现状，与世无争也是一种幸福

生活在欲望都市中，面对接踵而来的种种诱惑，我们无法拒绝，渴望自己变得强大、渴望财富、渴望权贵、渴望无上的荣耀……有时甚至迷失心智，为了得到想要的，不惜一切代价。

一位佛家弟子请求师父开示生命的真谛，师父凝视弟子片刻，即拿起毛笔写下"无争"二字。弟子茫然，请师父再行解释，师父又写了一次"无争"二字。

弟子惶惑而沮丧，无法理解这其中蕴涵的道理，师父就继续耐心地写着：无争、无争、无争……

当我们用心感受生活中每一个真实的刹那，就会领悟到生活的真谛。有这样一段话："生命的意义只能从当下去寻找。逝者已矣，来者不可追。如果我们不反求当下，就永远探触不到生命的脉动。"

穆雪在单位做文员，她很享受自己目前的生活。每天准时上下班，每周都有带薪双休。想起以前工作的日子，她觉得简直像个噩梦，那时候同样是做文员的工作，不过与其说是文员不如说是打杂的比较贴切。因为除了在公司工作，还要给上司做"生活助理"，8小时的工作像是在"打仗"一样紧张，周末经常加班。

有一次，穆雪得了胃炎，发着高烧在医院打点滴的时候，老板竟然还打来电话分派工作。如此大的工作压力，再加上生病的折磨，令穆雪心情烦躁，没地方发泄，结果让丈夫做了出气筒，弄得他们夫妻两个天天冷战。虽然后来领导提出要给她升职，但她当场就委婉地拒绝了。现在换了工作，薪水是少了，但她乐得清闲，休息得好，心情好，皮肤也有了光泽，人也开朗了很多。

失去或悲伤或痛苦，都不值得遗憾，是因为它有其价值。生活中，我们有的人已经忘记生存的意义，当我们卸下了种种包袱，从容地等待生活的转机，才能看到新的曙光。当我们踏过人生的风风雨雨，才能懂得放手和享有，才能活得更加轻松、从容和坦然。

耿楚侗有这样一首诗："俗情浓艳处，淡得下；俗情苦恼处，耐得下；俗情抑郁处，遣得下；俗情耽溺处，撇得下；俗情劳扰处，闲得下；俗情牵绊处，斩得下；俗情矜张处，抑得下；俗情难忍处，忍得下。"人的一生不过匆匆百年，争名逐利，争强好胜，时时刻刻生活在压抑、无自我之中，到头来，不过一场空。

然而很多人因为名利欲望太炽，常常贪多求快，进了一步还要更进一步，却不曾想自己到底能够承担的有多少。

惠芳经过十年的努力，成为一家中型私人企业的高级客户经理，掌管公司整个客户服务一脉的业务，虽然工作忙碌，但对于她来说却驾轻就熟。后来有公司传闻要升她去做分公司经理的消息，可她却突然申请停薪留职，出国留学一年。

那年年底才回来，结果她被调到了另一个部门做经理，职务级别和薪水都比原来低了很多。大家替她不值，而惠芳无论走到哪里都一副怡然自得的状态，很从容。用她的话就是："虽然薪水少了，但是并没有影响家庭开支。一年的进修有些匆忙，闲适的工作有利于我吸收未消化完的知识。还有，我觉得现在所在的部门虽然很普通，但未来的发展前景却比之前的部门要好。"

我们总担心失去太多，比如薪水、职位、地位、荣誉，企图抓住一切。所以，我们只见愁眉苦脸，少见笑逐颜开；常见忧郁寡欢，少见兴高采烈。内心最真挚的欢乐对于许多人已成了奢侈品，而精神疲劳、心理抑郁却像流感一样在社会人群里蔓延。于是，我们听到了许多人说"活得好累"。

孔子曰："知之者，不如好之者。好之者，不如乐之者。"当朝霞的红晕给大地渲染一抹娇红，我们有温馨的快乐；当孩子在我们轻轻地摇晃下酣睡，我们有慈爱的快乐；当睡意席卷中爱人替我们将裸露的手臂放入被中，我们有幸福的快乐；当完成工作的任务后靠在座椅上伸个懒腰，我们有满足的快乐；当朋友遇到不如意，安慰与鼓励后他们露出笑脸，我们有友善的快乐……快乐无处不在，然而，发现这些快乐最需要的是正视自己，不再为了那些莫须有的名利、地位、财富而深陷争夺之中。

在物质世界和精神世界的追求过程中，当我们真的能够以平常心、淡然的心态去面对，快乐自然就应运而生了，形形色色的欲望无法再轻易掀起涟漪。

我们也就拥有了从容的习惯、坦荡的心智以及纯洁的眼光，少了焦虑浮躁，多了一份宁静恬然、与世无争的生活，在平凡中体味出不平凡的人生乐趣。

12. 宽恕别人就是善待自己

人与人相处，免不了有摩擦，免不了有矛盾，如果两个人都互相较劲，谁也不肯退让一步，就好比两只同时站在独木桥上相向而行的山羊，谁都不愿意先退回去，就这么僵持着，结果因为互相角斗而落得个两败俱伤……

有句话叫做：退一步海阔天空。其实没有什么事情非得弄到两败俱伤不可。退一步也并非就意味着放弃原则，而是一定原则之下有条件的妥协，是为人处世的一种柔性和韧性的表现。在这一点上，女人可能有着先天的优势，因为女人相对男人有着更大的性格上的柔韧性。

有关实验表明，宽容有利于身心健康，消除仇恨、发怒等不良情绪。专家先让接受实验者用宽容的心态去回忆曾经一个受伤害的场面，然后再用非宽容的心态去回忆同样的场景。结果表明，接受实验者在非宽容期的平均心率从每4秒1.75次增加到每4秒2.6次，血压也随之升高了。此外，美国斯坦福大学曾经做过"斯坦福宽容计划"的实验，通过实验发现，所有参加计划的人中，有70％的人受伤害感明显降低，20.3％的人表示因怨恨带来的身体不适症也有所减轻。

既然生气对自己毫无益处，而宽容反而对自己有好处，那为什么不宽容他人以快乐自己呢？

(1) 宽容，首先表现在处事上不愤世嫉俗、不感情用事。

生活中，确实存在很多矛盾和困难：物价上涨，住房拥挤，人际关系紧张，还有这个"难"那个"难"，真让人有点喘不过气来。面对上述的烦恼，谩骂、生气都无济于事，反倒给疲惫的身躯又增加了几分新的负担。只要冷静观察，就会发现人们的生活本来就是苦、辣、酸、甜、咸五味俱全，这时让自己学会适应这种环境，以女性的宽容之心来接受并逐步改善这些不利的条件，你就会发现烦恼并没有那么多。

(2) 宽容体现在对别人的不苛求，"但能容人且容人"。

宽容的女人是富有魅力的。生活中，我们很多时候对自己很宽容，却对别人要求很多。要知道世界上没有十全十美的事，也没有完美的人。倘若一味地苛责求全，这样只会让我们的生活越来越累，越来越失望。如果我们能够用一种宽容的心态去对待周围的人和事，我们自己也会获得更多的快乐和满足。

(3) 我们以一种宽容的心态去包容他人的某些错误。

大海因为能够容纳百川，所以可以成为浩瀚的海洋。相处的过程中，聪明的女人会用一颗包容的心去原谅、宽恕对方的失误。事后你会发现，它会成为化解矛盾、凸显你人格魅力的一种有效手段。

相传古代有位智者，一日的晚间时分，他在院子里散步，突见墙角边有一张椅子，一看便知有位弟子违背寺规越墙出去了。这位智者也不声张，走到墙边，移开椅子，就地而蹲。少顷，果真有一小弟子翻墙，黑暗中踩着这位智者的背脊跳进了院子。

当他双脚着地时，才发觉刚才踏的不是椅子，而是自己的师傅。弟子顿时惊慌失措，张口结舌。但出乎这位弟子意料的是，智者并没有厉声责备他，只是以平静的语调说："夜深天凉，快去多穿一件衣服。"

我们可以想象听到师傅这句话后，他弟子的心情。在这种宽容的无声的教育中，弟子不是被他的错误惩罚了，而是被教育了。

宽容不仅是对别人的释怀，也是对自己的善待，这也是一个女人成熟的标志。当然，宽容不是怯懦，不是一味地逆来顺受，是在理解基础上的大度、忍让，是一种生存的智慧。

13. 以德报怨，路会越走越宽

"以德报怨"是我们常听到的一句成语，人们通常理解的"以德报怨"是指用恩惠回报与别人的仇恨，用你的爱心去感化他，用你的胸怀去感动他。这种爱心和胸怀让人肃然起敬。

在上班的早高峰，一位打扮很时髦的女孩与一位穿着略显土气的妇女在车上发生了争执。起因是车到站时，这位妇女没站稳不慎踩了站在一旁的这位女孩的脚。姑娘十分不快，气冲冲地说出一句："站稳点啊，这个时间也来凑热闹，烦死了！"这位妇女脸红不语。

本以为事情到此结束了。可没想到，车辆前行的过程中，女孩突然呕吐，周围众人纷纷躲避，只有之前被骂的那位妇女弯下腰来，一边帮女孩擦拭，一边找袋子装秽物。姑娘很惭愧，众人露出佩服的神色。

有人在背后议论纷纷，说这位妇女为女孩上了重要的一课，让她知道以后该如何为人处世。到达目的地，这位妇女下了车，此时，有一位西装革履的中年男子也跟着她下了车。

这位男子看见了她的举动，他对这位妇女说，自己是一家公司的总经理，希望她能做他们家的保姆，并且给出了比较诱人的薪水和待遇。

卡耐基曾说过："生活中的矛盾需要我们用宽恕的心去化解，宽恕的受益者不仅仅是被宽恕的人，还有宽恕者自己。一个懂得包容、懂得宽恕别人的人，到处可以是契机应缘，和谐圆满。"

筱筱是一位事业成功的女强人，一天她正要出发去机场，因赶时间，所以她走得比较急，一不小心将迎面走过来的一位女士的菜篮子打翻了，地上还有几个破碎的鸡蛋。

筱筱本以为对方会很生气地指责她一通，没想到对方只是无奈地笑了笑，弯腰将自己的东西捡起来。筱筱不好意思地问道："我撞了你，你怎么一点不生气？"

对方很平静地说道："既然已经这样了，生气有什么用呢？生气又不能让破坏的东西复原，相反，生气只能激化心中的怨气。"

这事对筱筱的触动很大。一次，她与自己的老公因某事争执起来，忽然想起了与那位陌生女子相撞时的一幕，想起她说的"生气有什么用呢"？事情已经发生了，反而会让事态更糟。于是，她冷静下来开始反思自己的不足之处：好长时间没有陪伴丈夫了，是自己冷淡了他，这一切明明是自己造成的，怎么可以怨恨对方呢？

从此以后，她不管自己工作有多忙，都要抽出时间陪陪家人，两个人感情越来越好，生活越来越幸福，事业上更见起色。筱筱很感谢这位路人，是她让自己学会了用宽恕的心态处理人际冲突，从而赢得了美满的家庭。

的确，因为一点摩擦就耿耿于怀，一心想要报复，只会让矛盾更深；用爱去化解彼此之间的矛盾，矛盾会自己消失。可以说，以德报怨是避免别人再次伤害自己的上策，这样，你就很容易把对手变成朋友，也能让自己的发展道路更宽广。

第十章

享受平凡朴素的甜蜜，
在柴米油盐中体味幸福

　　很多女人总是认为婚姻应该如恋爱一般，应该是长久的、轰轰烈烈的，而不应该让生命的激情在琐碎平淡中耗费掉。因此，生活中难免生出许多抱怨来！但是，女人要懂得，平淡才是生活最真实和最深的滋味，无论你是一个怎样的人物，无论你拥有怎能样翻云覆雨的能力，再功成名就，最终还是要归于平淡之中。内心从容淡定的女人，都懂得婚姻生活的真正意义所在，在任何时候都会用一颗平常心去对待婚姻，咀嚼生活的原汁原味，去感悟生活的真实之美。

1. 长相厮守是一种幸福

幸福是什么？有的人说："幸福就是有一座别墅和一辆红色法拉利跑车，对了，要有仆人照顾饮食起居。"有的人说："幸福就是疯狂地购物，什么名服饰、名包、名鞋，只要是名牌，全部为我所有。"有位家庭主妇说："幸福就是和心爱的人手挽手去散步，累了坐在一旁的小吃摊上同吃一碗热乎乎的面。"

幸福是什么似乎很难定义，毕竟人与人之间的需求不同。但对有的女人来说，一生的幸福便是两个相爱之人能够长相厮守。

一对夫妇来到一家餐馆，男人叫来服务员，要了一大碗西红柿打卤面。等面上桌，男人将面推到女人面前说："你先吃吧，赶了一天的路，肯定饿坏了。"女人拿筷子挑了几根吃了几口就将碗推到男人面前说："我吃不下，你吃吧，可能是晕车，还有点不舒服。"随手，女人拿起旁边的茶水。男人也拿起旁边的杯子，倒了杯水说："嗯，我也有些渴。"

就这样两个人将面放在了中间，只一个劲地喝水，谁也不肯吃。这时，男人的肚子咕噜咕噜地叫了起来，男人刻意将一只手压在肚子上。女人扑哧一声笑了出来，说："你看你，都饿得肚子叫了还不吃。我可指望着你呢，饿坏了，我和娃找谁去？赶紧吃吧，不然面要泡糟了。"男人只好端过面，吃了几口又低着头说："不然再来一碗吧！"女人摸了摸衣兜，摇了摇头，说："咱娃今年的学费还欠着呢！"

男人的双肩轻微地抖了抖，紧接着肯定地说："咱娃学习那么好，将来是要考大学的。"女人点点头，冲着男人满足地笑了笑。男人让服务员又添了一个碗，将面条分在两个碗里。男人将大部分面条拨给妻子，刻意将汤水放自己碗里，其实面条只有几根。女人吃着吃着放下筷子说："我吃饱了，这餐馆挺实在，给的面挺多的，剩下的你吃吧。"说完将面条倒进男人的碗里。男人始终低着头吃着，女人看到男人紧握的拳头，说："记得在老家你第一次带我出去，咱在张婶家吃的包子，那大个儿的包子，咱就拿了一个，你一口我一口，就像现在，我真高兴。"男人似乎也想起了那时候，笑了起来。

幸福是什么？幸福就是两个人一同分享。无论酸甜苦辣，彼此不抛弃、不放弃。回忆一下，当你与心爱的人共同吃着餐点，可是你的确吃饱了，碗中还剩有一半的饭，男人伸手将你碗中的饭放到自己碗中。你好笑着说："怎么？不嫌我脏啊？"男人说："你是我老婆，我要嫌你脏还了得！"这一刻，是温馨，是浪漫，是爱的彰显。

幸福不需要轰轰烈烈，也不需要罗曼蒂克。幸福不分富贵贫贱，幸福是不能买卖的非物质情感资产。幸福其实很简单，一碗面、两双筷子，你让我，我让你，或者你抢我的，我抢你的，或者你喂我，我喂你，或者偶尔的头碰头。就像歌词里所唱的：

你说的我都会相信

因为我完全信任你

细腻的喜欢

毛毯般的厚重感

晒过太阳熟悉的安全感

分享热汤

我们两支汤匙一个碗

左心房暖暖的好饱满……

2. 婚姻不是爱情的终点，而是幸福的起点

寻寻觅觅，百转千回，为了找到人生旅途中的另一半，我们怀着拿起又放下的执着，当然，也的确是选择了又放下，为了寻找内心中最完美的对象，一直、一直寻找。几番周折，早已经遍体鳞伤。然而上帝似乎有着安排，最终我们踏上红地毯，走入了婚姻的殿堂。

有人说："爱情被婚姻扼杀了。"其实并不是这样，婚姻只是将爱情隐身。因为平时的忙碌使我们变得麻木，不再有恋爱时的敏感。那时一点小事也会被想象成爱情中的浪漫；而现在却整日为烦琐的生活渐生苦恼。平凡的生活，我们该怎么面对？

张凤仪结婚后，一直将家里打理得井井有条，彼此夫妻恩爱。但时间久了，两个人之间的感情渐渐变得平淡，少了平时的打情骂俏，多了一些朴实的平凡。这让张凤仪总是怀念起恋爱时候，两个人手牵手一起逛街时的甜蜜。她老公爱吃鱼，但是她不明白老公为什么爱吃鱼头。

一天晚上，张凤仪清炖了两条鲤鱼。鱼刚上桌子，她老公撑起筷子就将一个鱼头夹到了碗里，然后将鱼肚子上那两片最嫩又无刺的鱼肉夹到她碗里。

丈夫刚要吃，张凤仪好奇地问："鱼头真有那么好吃吗？"她丈夫笑而不答，将鱼头周围的肉吃光后，砸开鱼头，伸到张凤仪嘴边让她吸。张凤仪用力吸了吸，一股嫩而滑的东西淌进了嘴里，她知道那是鱼脑，可没想到鱼脑这么好吃。她兴奋地将整个鱼脑吸干净。这时她老公才知道，她这是第一次吃鱼脑。

张凤仪不由得将眼神盯在了另一个鱼头上，可是想着老公还没有吃，便打消了念头，吃鱼肉。她老公夹起另一个鱼头吃了起来，随后把弄干

净、砸好的鱼头又递到了张凤仪面前。张凤仪看着老公脸上那宠溺的笑容，一股无法言语的幸福瞬时充斥全身，她甜甜地笑着接过鱼头，贪婪地吮吸着。从此，吃鱼时，她老公再也没有吃过鱼头，而是打理干净砸好后递给张凤仪。

爱情不会抛弃内心拥有爱的两个人，只是转化了一种形式。而在婚姻中的我们，只是少了对爱的敏感。要知道，爱不是物质，要发现爱不是靠眼睛能看到的，是用心，就像"隐藏在鱼头里的爱情"。

女人和男人第一次约会吃饭，男人将鱼眼珠夹到女人碗里。女人不解，男人说："小时候，妈妈很疼爱我，每次吃鱼就将鱼眼珠给我，说鱼眼能明目。"女人欣喜地接受了男人的这份心意。从此，每次吃鱼，男人都会将鱼眼珠给女人。

但是，男人很不懂浪漫，他不会说什么甜言蜜语，也不会在情人节买玫瑰花给女人，虽然他很会做饭并且有一份不错的工作。女人还是离开了男人，去寻找更好的归宿。

几年后，女人依然单身，她找不到内心想要的那类男人，而当初那个男人已经结婚。一次意外的巧合，他们在当初吃饭的餐馆遇到，便坐在了一起。吃鱼时，女人看到男人很细心也很熟练地将鱼眼夹到他妻子碗里，而他妻子眼中流淌着无尽的幸福柔情。女人看着如此熟悉的场景，心中突然涌起一股酸涩，这一刻她意识到原来自己寻找的已经被丢弃。

原来这就是爱，不是当初恋爱时，对方送你一枚戒指，也不是他送你一束玫瑰花，不是他大声宣誓说爱你，而是平凡地存在于很容易被忽略的小举止中。

"爱情藏在了鱼头里"。一直以来是眼睛欺骗了我们，那么就让我们用心去感受、体会吧！我们都是平凡的人，过着平凡的生活，就像一条平静的河流，流淌着酸甜苦辣咸，流淌着亲情、友情和爱情。爱有永恒，而真爱就包含在一些不经意的小小细节之中，包含在一个鱼头之中。

3. 爱你，才走在你的左边

　　手上拿着一朵数不清花瓣的花，然后一片一片地撕下，嘴里随着掉落的花瓣数着"他爱我""他不爱我""他爱我"……剩到最后一片花瓣的时候，是爱还是不爱？我们不再是少不更事的花季少女，爱与不爱不是数数花瓣就能判断的。他爱你，会有爱你的方式，是一种只对你才会存有的方式。比如说，他总是走在你的左边。

　　郑茜和男友经过几年的恋情终于走进了婚姻的殿堂。可是婚后她才发现生活和想象的差很多。油盐酱醋茶的磨砺，很快让激情中的他们步入平淡。虽然他们彼此还算恩爱，但经常吵架，常常因为一点鸡毛蒜皮的小事而起争执。丈夫也不再像从前那样对她忍让。即便郑茜对他耍小性子，丈夫往往是置之不理或沉默，偶尔和郑茜争执一番。久而久之，郑茜已经对这死气沉沉的婚姻忍耐到极限。终于有一天他们大吵了一架，郑茜说出了离婚，丈夫也一口答应。两个人便拿着结婚证出去了。

　　天空下着雨，丈夫和郑茜一人撑一把伞，并排着走在路上，沉默不语。雨很大，路很滑，但他们似乎打定主意愤愤前进。为了超近路，他们走了一条小胡同，中间的积水很深，不得不沿着墙沿走。丈夫走在前面，郑茜跟在后面。通过后，两个人又并排着走，丈夫突然将郑茜拽到了他的右边，生气地说："不是告诉过你不能走在左边的吗？"而这时，一辆重卡车从他身侧呼啸而过，丈夫侧身将郑茜护在了里面。车虽然没有撞到他，却溅了他一身的泥水。郑茜愣住了。一直以来，丈夫都是走在她的左侧，为她掩护、挡去随时驰来的车辆，无论刮风下雨，他从不允许自己独自走在车水马龙的路上。

　　郑茜突然觉得一股酸涩涌到喉咙处，泪水混合着雨水夺眶而出。丈夫伸手为她拭去泪水，对郑茜说："我们回家吧。"郑茜扑到丈夫怀里，重重地点头，紧紧握着他的手，握着他对她的爱。

这就是爱，一种习惯，一种从有你那一天开始便形成的行为，也独对你才会使用。没有绚丽的光环，却拙朴而厚重。不需要任何修饰，是在不经意间就流露出来的呵护。这种习惯经得起平淡的流年，深深将爱化成无声的语言，无论十年还是二十年，依旧不会改变。

婚姻不只是单纯的爱情，多了琐碎和枯燥，少了激情与浪漫。当我们不得不每天面对单调而乏味的生活时，心在一点点磨平，感觉生活如同白开水一样变得索然无味。生活的确变得平凡了，我们也变成了一个平凡的妻子，但爱并没有随着平凡而消散。就像你爱他，才会准备他最爱吃的饭菜，你爱他才会时刻关心他的冷暖。他同样爱你，才会一直走在你的左边，不让危险威胁到他唯一呵护的人。

4. 幸福的烟火味

"结婚，结婚，结婚……到底结还是不结？"看到那些整天一脸麻木的夫妻，连句知情冷暖都吝啬得可怜，婚后真的就幸福吗？谁能保证婚后自己能坚持过那平淡而又纷争不断的油盐酱醋茶的生活啊。其实，婚姻是幸福的，只是变了一种味道。

我们尝过了人生中的酸甜苦辣咸，每次回味都觉得有丝甜蜜在其中搅拌。突然觉得人生总要有些小波折，才显得那仅仅存有的快乐是如此珍贵。那么，我们的婚姻生活不也同样如此吗？想一想，酸甜苦辣咸是哪里的味道？它是烟火味，是唯有厨房才能有的味道。

杨琼神色孤寂地走在大街上，她不明白，过去那个发誓要给她幸福和快乐的丈夫怎会变得如此冷漠。因为她不小心将水洒在了他的文件上，丈夫立刻脸色大变，甚至叫她滚出去。杨琼突然觉得婚姻好可怕，起初的甜蜜消失得无影无踪。

她为了丈夫，心甘情愿做个家庭主妇，可依然躲避不了生活中的磕磕绊绊……杨琼决定要与丈夫好好谈谈，如果两个人之间无法再渗出幸福，或许分手是对彼此的解脱。

杨琼开门进屋的那一刻，一股奇怪的味道迎面扑来。她诧异地走向厨房，看到那个平时西装革履、衣冠楚楚的男人正围着围裙手忙脚乱地在炒菜。丈夫看到门旁傻愣愣的妻子，呼救似的说："赶紧的，这菜我越炒越觉得不对劲，能放的全放了，还剩下什么？"

杨琼赶紧拿过丈夫手中的勺子，尝了尝菜汁，立刻干咳了起来，丈夫一脸苦涩地拍拍她的背，杨琼喘过气来问："天啊，你到底都放了什么？太难吃了，不行这菜不能要了，不然食物中毒可就糟了。"杨琼将锅里的菜倒掉，清洗干净。她问道："还有什么菜？"丈夫指了指旁边说："我记得你最爱吃可乐鸡翅，所以从网上找了材料，全买了回来。"

杨琼有些惊讶地看着丈夫，这个从来不进厨房、不进菜市场的大男人居然今天全破例了。丈夫被杨琼看得有些尴尬，搔搔头说："刚才我脾气暴了，我……"杨琼突然觉得心里很温暖，这个男人爱她，真的爱她。

杨琼嗔怪地说："就你这笨蛋连炒菜都不会，还想着做可乐鸡翅，我看做煳焦鸡翅还差不多。好了，你帮我打下手吧！"丈夫拿过妻子手里的刀坚决地说："不行，我说了给你做，你做监军，我做主帅。"杨琼扑哧一声笑了出来，原来他也有可爱的一面。接着两个人在厨房里开始了一场混乱又温馨的可乐鸡翅大战。

"天啊，你忘记放姜了！"

"可乐，可乐你放哪儿了？"

"喂，喂，不能放水……"

原来这就是幸福。

有人说："幸福永远离不开厨房内锅碰勺，勺碰碗，碗盛汗水，水映四日的情景。"即便生活再如何平淡，他对你的爱，他曾承诺的幸福，已经刻在了心底最深处，只是在关键的时刻才会显露，也最容易被我们忽视。

幸福是生活中的点点滴滴拼凑起来的。除了客厅、卧室，厨房更能体现两个人之间的默契与真情，那个不大的空间却是彰显爱情真谛最大的舞台。

没有风花雪月，却有柴米油盐；没有甜蜜浪漫，却有香味弥漫；没有激情澎湃，却有汗水灌溉。也许我们依然是厨房的主角，但男人的偶尔加入却让厨房里除了烟火的味道，还荡漾着爱情的气息。原本枯燥乏味的工作，因为他对你无形中的关爱变得温馨、畅然。

不要因为平淡或吵架就怀疑起婚姻的本质，甚至怀疑彼此的感情。吵架对婚姻就像盐对菜肴。不放盐，菜没有滋味；盐放多了，喝的水比吃的菜还多。婚后的平淡与争吵之间不是缺少了幸福感，而是缺少发现幸福的心。

当你一个人忙忙碌碌地在厨房周旋，丈夫偶尔进来观望与探视，或者替你系上围裙，或者擦擦你额头的汗水，这些不就是小小的幸福吗？当香味瞬间弥漫，他调皮地钻进厨房，伸手去抓盘子里的菜，被烫得直吹气也要放进嘴里，你好笑地说他贪吃鬼。这一刻就是幸福。

看到你疲惫的身影，他硬声硬气地要你去休息，他来做饭或者你打下手，这就是幸福。当他粗手粗脚地择菜、洗菜，然后一一整齐地摆放在盘子里，等待着你掌勺，一刻不离地听着你指挥，一场锅碗瓢盆的厨房交响曲在烟雾缭绕中奏响。

正所谓"不是冤家不聚头，打打闹闹到白头"。让我们尽情地享受厨房里那些偶尔的小瞬间，当汗水换来他的夸赞，当他为你拿起锅铲，当两个人在狭小的空间里来回擦肩，不经意的一个眼神、一个笑容、一句轻声叮咛，都是如此从容、温馨，如此和谐与美好。

5. 偶尔买份礼物送给自己

"这条领带的颜色不错，很适合老公。""这件衣服太可爱了，买回家给孩子。""天冷了，该给婆婆、公公买两件保暖衣。"女人一旦成为妻子，所能想到的和做的都是为了这个家，而最好的总是先给家人。

不得不这样考虑，丈夫出门在外，需要抛头露面，穿着不能太寒碜。孩子每天都在长身体，既需要营养又要年年换新衣。公公婆婆、爸爸妈妈都是要孝顺的，作为子女，偶尔为他们添置一些家用或衣物是必需的。这一样一样地算下来，将是一笔不小的开销。婚后的女人有一种无法遏制的奉献心理，看到好东西，第一想到的就是丈夫、孩子们。

结婚后，周彤雨再没有以前想要成为女强人的好胜心了，而是把生活的重心放在了家庭上，满心想的就是老公和孩子。去菜市场买菜的时候，要挑他们爱吃的菜；跟朋友逛商场，她们看那些时尚的女装，而她则看男装；看到一款质量不错的刮胡刀，一定得买下来；新上市的点读笔听说对孩子学习英语很有帮助，当然不能错过……

这算来算去，全是老公、孩子。一次，她儿子调皮，将家里的电脑显示器不小心碰掉了，屏幕摔得粉碎。周彤雨训斥儿子说："你和你爸爸喜欢吃的，多贵我都没心疼过，我自己爱吃的我却舍不得买。你们的衣服我也是买最好的，我给自己都是买打折的衣服。你不好好学习已经很对不起我了，还这样调皮捣蛋，不让我省心。"

原以为她儿子会承认错误，肯求原谅，没想到他反而理直气壮地说："你买你爱吃的东西啊！咱家又不穷，谁不让你买了？你穿好看点我和我爸脸上还有光呢！"

周彤雨当场哑口无言，后来对朋友说："我委屈自己对老公、儿子好，他们倒好，根本不领情，还埋怨起我来了，想想真是自找的。"那个朋友说："确实没有人让你委曲求全，为什么不对自己好些？他们需要的你同样需要，既然是你一直操持家里的所需品，有时间不妨为自己买点东西，不用太贵，你感觉舒心就好。"

很多女人都具有奉献精神，尤其是有了老公、孩子之后，但奉献得太多会失去自我，时间久了就会心理不平衡，还往往得不到家人的理解。女人为家付出了自己的一生，无论大大小小的事务全揽在身，没有理由不善待自己。

懂得给自己买礼物是一种良好的心态。在辛苦工作、勤奋持家之余，在节日来临之际买一份心仪的礼物送给自己，能给内心播种快乐。当然，礼物不用太贵重，重在舒心。

幸福的主动权掌握在我们自己手里。与其时刻提醒他人在什么节日别忘记送什么礼物，倒不如自己为自己买，岂不是更自在？既不用埋怨对方因为忙碌记不住，又能满足自己内心的需要。

女人不应该亏待自己，而是要学会善待自己。在照顾家庭的同时，也要为自己制造快乐。在逛商场的时候，如果无法遏制为家人添置东西，可以先为他们准备，但一定别忘记去女性服饰、首饰区转转。看到非常喜欢的就买下来，如果东西太贵，权衡一下，买其中一件能让你接受的。这样回家后，你不用为了面对一大堆与自己扯不上边的东西而感到委屈。家庭内部物质的开销分配也需要平衡。所以，要幸福就一定不能亏待自己，为自己去选择一些称心的礼物吧，我们都有开心的权利。

6. 制造一点惊喜，增强你的幸福感

在你与他还是恋人的时候，他总是能够神出鬼没地站在你的面前，有时从背后拿出一个甜筒或者一束玫瑰花，或者他像往常一样带你去他家做客，一进入他的卧室，对门大大的床上摆着一颗大大的红心，上面写着"爱你一生一世"……这些数不尽的浪漫惊喜，让你深深陷入爱的旋涡中，泪水喜极而下。在被这源源不断的惊喜包围之下，你成了他的妻子。

随后，你们变成了普通夫妻中的一对，上班、回家、吃饭、看电视、睡觉、起床……生活就这样周而复始开始了大循环。他似乎忘记了浪漫等词汇，而你在一次次对惊喜的期望中黯然神伤。当初那个浪漫多情、令人惊喜连连的人哪里去了呢？能带给自己感动与心跳的惊喜似乎一下子从人间蒸发了。

你说你不喜欢这样平平无奇、索然无味的生活。是的，我们都不喜欢。难得来世间走一遭，就这样度过下半辈子，实在太可惜了。埋怨的时间久了，反而会造成内心空虚，甚至忧郁。

实际上，惊喜除了靠他人给予，我们完全可以靠自己的努力来制造一些小惊喜。

鲁美的丈夫是做房产生意的，平时业务特别繁忙，经常应酬忙碌到深夜才回家。那时鲁美已经熟睡，她丈夫为了不吵醒她，经常睡在书房。往往天还未亮，又匆匆离去。虽然同住一个屋檐下，却跟两地分居没什么区别。

鲁美受够了这样的日子。再这样下去，他们之间还有没有爱存在都是问题。他忙，鲁美很理解，既然他忘记了当初对自己的承诺，鲁美决定靠自己唤醒他长眠的内心。

一天，她丈夫回家后，看到台灯下压着一张纸条："老公，洗澡水在浴盆里，解酒的茶在杯子里，温暖的爱心在卧室里。鲁美爱你。"她丈夫看完后舒心地笑了笑，一天的疲惫消失殆尽。开门看着床上像猫一样蜷睡的妻子，他突然觉得很愧疚。虽然他依然睡在了书房。

第二天，鲁美睡眼惺忪地来到厨房，惊奇地发现餐桌上放着热腾腾的早饭。冲进厨房，丈夫正热着牛奶。看到鲁美瞪大的眼睛，她丈夫过来宠溺地揉揉她的头发，温柔地说："去，洗洗脸，今天我在家陪你。"

小小的惊喜可以让隐藏的爱再度显露，可以让爱得到升华。惊喜确实是令人幸福的，但并不一定是意外的，它可以是在意料之中的，而且，还完全可以是由自己创造出来的。

爱情不打折，幸福不闭窗。如果担心平淡会冲走爱情，或者你本就是喜欢被幸福包围的女人。那么，偶尔地制造一点小惊喜，让彼此偶尔重温突现的幸福感。

但我们也要视情况而定，有些女人为了引起男人的注意，便不停地制造一些意外小惊喜。例如，突然出现在他办公室，带来他最爱喝的奶茶；购买两张他最喜爱的明星演唱会门票放在他面前，要他请假；告诉他错误的航班，而你却已经出现在家门口说想他，然后推门而入……你有没有想过，当你端着奶茶，会引起他公司员工的嘲笑或者议论；有没有想过，你买的票的日期与他的某个会议或行程有冲突；有没有想过你的突然回家，打断了他想要去机场接你的想法……

韩雪做好饭后，拿着碗"当当当"地敲着锅盖，大喊："老公，快洗手盛饭了，你想让我伺候你到什么时候啊？喊了三遍了。"韩雪的丈夫极不情愿地把碗筷摆好，坐在餐桌旁就是低头猛吃。韩雪吵吵道："慢点，饿死鬼投胎的啊！对了，我这鱼做得怎么样？"她丈夫懒懒地说："还行。"就这样，一顿饭冷冷清清地吃完了。

韩雪也很苦恼，这个家有他没他一样冷清。她将烦恼告诉了闺蜜，闺蜜说韩雪的方法不对，想要制造惊喜，不是大大咧咧就可以的，而是用一些温暖的方法，让他自己感知。

那天，韩雪买了一些盆景和鲜花，抹去了室内平时的单调。她提前做好饭菜。等到丈夫一进门，韩雪上前为他脱去外套，轻声说："亲爱的，今天很累吧，洗手吃饭。"她丈夫看着那些花草，闻着满屋清香，奇怪地摇摇头。

韩雪把做好的饭菜摆放好，拿出一瓶红酒，点燃几根红烛。等她丈夫走进厨房，韩雪立刻关灯，她的丈夫置身于烛光辉映中，嗅着可口的饭菜香，眼睛放大盯着韩雪。"好了，吃饭吧，老公。"她丈夫像听话的孩子一样点头说："嗯，好。"韩雪打开酒说："老公，喝一杯吗？"丈夫受宠若惊地赶紧凑过杯子说："来点儿，呵呵。"接下来就是你一句我一句的温馨场面。

在恰当的时候，制造一些别开生面的小惊喜，是对生活的调味，是在平凡中增加一些点缀。婚姻需要保鲜，而这些正是为生活时时保鲜的小窍门。

平淡的生活不是无法继续，唯有平淡，偶尔的小惊喜才会凸显，才能起到我们想要的惊喜效果。设置惊喜、开怀和精美绝伦的生活情趣，让他每天都能在忙碌中偶尔分点神想象你又制造出了怎样的不平凡。

7. 浪漫，不必非要等到情人节

1朵玫瑰代表"我的心中只有你。Only You"；2朵玫瑰代表"这世界只有我俩"；3朵玫瑰代表"我爱你！I Love You"……40朵玫瑰代表"誓死不渝的爱情"……999朵玫瑰代表"天长地久"……一年365天，哪天最浪漫？即便是七八岁的孩子也能回答出是"情人节"。

很多女人把浪漫全寄托于这一天。对一些已婚的女人来说，平时因为忙忙碌碌，已然忘记两个人有多久没有像那些小恋人一样浓情蜜语，唯独等到情人节这个特殊的日子，觉得丈夫再忙也没有忘记的理由。

快情人节了，紧张的工作终于可以松一口气。烟霞幻想着情人节那天，老公会不会送自己一大盒爱心巧克力？没准是玫瑰，或许是钻戒……越想烟霞越觉得幸福。她开始筹划要和老公一起度过那最浪漫的一天。

情人节当天，烟霞请了半天假，买了很多水果与蔬菜，还买了几根红烛。心情愉悦地回家，准备烹饪情人节的浪漫烛光晚餐。

快9点了，老公还没回来。烟霞拨通电话问："亲爱的，什么时候到家？"那边她丈夫说："我这儿还有应酬，你先吃，别等我了，就这样，挂了。"烟霞还没反应过来，就听到电话里的嘟嘟嘟声。烟霞望着一桌子的饭菜，满心委屈。一直到12点钟，情人节接近尾声，也不见丈夫的踪影。烟霞愤恨地将一桌子的菜倒进了厨房的垃圾桶中，窝回床上大哭。

第二天早上，烟霞正准备去上班，而这时她丈夫才回家。烟霞冷漠地收拾东西，头也不抬。她丈夫说："宝贝，对不起，我现在才回来。"烟霞爱答不理地"哦"了一声。丈夫又说："宝贝，我饿了。"烟霞终于忍受不住，嚷道："饿了不会自己做去啊，走了。"烟霞咬着牙绕过丈夫，开门而出，然而当她看到门前的东西时，愣住了。一个一人来高，用野花和小草还有树叶编织的植物人出现在她面前，脖子上还挂着一个牌子写着：一直没有停止过爱你。下面还标注着一小行字：辛苦了老婆。烟霞转过身去看丈夫，才发现他满身的泥泞，头发上有很多杂草。泪水顺着脸颊流下，烟霞扑到丈夫怀里，说："对不起……"从此，烟霞不再过情人节，因为她发现，生活中很多的小浪漫都被自己忽略了。

浪漫无处不在，不是非要等到情人节当天。俗语说"希望越大，失望越大"，对情人节抱有太大的期望，但那一天不一定如你想象得那么美好。除了被冠上了情人节的名称，今天、明天、后天有什么区别呢？想要与丈夫一起享受温馨的时刻，哪一天准备烛光晚餐其情其景都一样。

其实真正的爱是心底的感动，不是手指上的钻石。他爱你，日常生活中一些不经意的言行举止就能够表达出来。很多浪漫的时刻，我们随处可以感受到。

节假日，陈娇一家三口逛商场。经过一家花店，走在中间的女儿突然拉住两个人，望着男人说："爸爸，给妈妈买束花。"男人好奇地问她：

"丫头怎么想起要爸爸给妈妈买花?"女儿说:"昨天隔壁的玛乐说,去年情人节的时候她爸爸给她妈妈买了99朵玫瑰花,她妈妈高兴得不得了。"陈娇望着丈夫会心地笑了笑,摸着女儿的头说:"丫头,你不觉得爸爸和妈妈很快乐吗?像我们这样手牵手一起逛商场,开心吗?"女儿歪歪头想了会儿,嘻嘻笑道:"开心,很开心。"

一家人逛到了顶楼的游乐场,他们停在跳舞机旁边,男人说:"老婆,好久没有一起跳过了,来,一起试试!"陈娇惊讶地望着丈夫,有些不好意思地说:"哎呀,算了,年轻人玩的东西,咱们再跳让人笑话了。"男人低头问女儿:"丫头,想不想看爸爸、妈妈一起跳舞?"女儿又蹦又跳地拍着手让他们一起跳。

陈娇和丈夫一起站在跳舞机上,男人说:"输了的话,今天晚上罚你做丫头最爱吃的糖醋排骨。"陈娇哼道:"一言为定!"音乐响起,两个人跟着音乐和舞步快乐地跳了起来。女儿在台下喝彩,引来无数围观的群众。周围响起羡慕和称赞,有句话飘到陈娇的耳朵里:"好浪漫的一家人。"

在"情人节"这天,如果要庆祝,不如两个人在宁静的夜晚,坐在一起依偎。如果你爱的人不在身边,发个短信或打个电话,说几句想念的话。

浪漫就在偶尔的夜晚一起散步于公园;浪漫就在他为你做好的早餐;浪漫就是他给你打个电话报句平安;浪漫就在关灯时的一声晚安;浪漫就在你躺在他怀里酣睡时的心安……浪漫无处不在,何必要纠结于情人节那一天。

执子之手,与子偕老。爱之真切不用在情人节那一天才能够完美地表达,那些外在的东西怎比得上爱人永恒不变的温柔眼神?爱在心底,爱在日常点滴的关怀与体贴中,爱在彼此一起慢慢相伴到老的浪漫中。

第十一章

耐住了寂寞就守住了幸福：丰富内心，让灵魂在大地上诗意地栖居

内心淡定的女人懂得，婚姻对于自己很重要，等待和寻找也很重要。于是，她们便会用一个虔诚的神圣的向前的姿态，耐心地等待那个能为自己生命锦上添花的男人。这样的女人，其内心是强大的，她们无论在怎样的情况下都能让生活丰富，让灵魂在大地上诗意地栖居。同时，在任何时候她们都能坚持自己所选择的，听从自己内心的声音，默默地等待属于自己的幸福！

1. 独享属于一个人的精彩

又到一年的情人节，处于单身状态的女人通常都会问自己：究竟是谁阻挡了她们奔向幸福的脚步？

因为忍受不了一个人的寂寞，于是越来越多的女人盲目地恋爱，或者走进婚姻。

虽然单身难免要与孤灯相伴，度过漫漫长夜。但如果缘分还未到来，也不必耿耿于怀、失落叹气。谁说有爱情的人才会幸福？幸福，一个人也可以。

你总是让亲人和朋友为你担心，只因为你单身。可是，单身真的那么可怕吗？其实，如果好好把握，单身生活或许能成为你一生当中最美好、最值得回忆的时光呢！

既然目前处在单身这种生活状态，就要好好享受你的自由和独立。

单身除了可以免去生活中的一些烦琐的小节，更能得到可贵的自由。要知道，有了伴侣或者结了婚恐怕就不能再像现在这样和朋友在 KTV 飙歌狂欢通宵了。没有男朋友，节假日的时间才会宽裕，也不会受到任何的管制。

刘丽菲的感情"空窗"已经两年多了，她没有觉得这有什么不好，反而渐渐喜欢上了单身生活。

每到周末双休日的时候，她都会和朋友聚会联络感情。周五下午就先在网上讨论周末去哪里玩，周末两天几个女孩子一起逛街、聊天、吃东西，时间都排得满满的，开开心心出门，开开心心回家。没有了男朋友的约束，反而轻松自在，也不会觉得空虚。

刘丽菲习惯每周和一批不同的朋友聚会，比如平时不是周末的时候，下了班就会约同事一起出去吃饭，到了周末就会约平时不在一起的老同学出来沟通感情。这样既不会因为老是同一堆人在一起而感到乏味，又可以定期和不同的朋友聚聚，交流感情，同时也可以多观察观察周围的男人，看看哪个男人才值得自己交往。

单身就意味着更多宁静休闲的时间，更多倾听自己内心的机会。和纠缠在爱情中的人们相比，单身女人应庆幸于"只用照顾好自己"的生活。因为悠闲宁静的禅意生活可以让你有更多的机会贴近自然，让心灵随自然而恬静。

李芳华很庆幸自己是单身，因为她可以毫无牵挂地四处旅行。她喜欢徒步旅行，因为旅游景点人太多，而情侣往往占到一半以上，所以她会避开，去那些人烟稀少的地方。她喜欢去野外，放逐自己的身与心，和大自然亲密接触，因为这让她的心境变得平和许多。她总是自我陶醉在其中，她对朋友说："每次出门徒步，远离尘嚣，都感觉像在和大自然谈恋爱一样。"

单身是一种更洒脱的生活方式，可以充分、自由地享受你的精彩生活，因此，不要因找不到男友而难过。想一想，你的无拘束生活要因一个人的介入而彻底颠覆、受到约束，这样紧绷的生活不一定就是最好的。所以开心些，在没有找到最合适的伴侣之前，先做一个幸福的单身族吧。

2. 不要凑合着把自己嫁掉

许多单身的适婚熟女会做出两种选择：一种是离开自己的家乡去没有人认识的异地独自生活，这样可以不面对他人的非议；另一种是匆匆忙忙地赶紧找个人嫁了，但也因此出现了很多怨偶，甚至是不幸。

结婚，拥有一个温馨而美满的家庭是令人羡慕的，但只是抱着免除单身风波的侵袭而匆忙将自己嫁给一个或许只是稍稍有些好感的男人，这样的组合会随着长久的相处而出现很多裂痕。

蔡江丽是个单身女，今年28岁，在一家房产公司担任销售部经理。已经步入大龄的她总是听到同事们互相议论，无外乎说她可能有什么缺陷或者她是不是对男人没有兴趣……这一切的流言蜚语主要是因为她很少和男人接触或者打交道，还有几乎每个月都会接到家里十来个要她去相亲的电话。面对同事们的诽谤以及家里人的唠叨和逼迫，蔡江丽终于决定找个男人嫁了算了。她身上被乱贴的标签已经够多了。

一次相亲，她遇到了一位个子高大、相貌端正的男人，而且他举止很有修养，虽然只是一家金融公司的小职员。但蔡江丽觉得他人品不错，至于事业慢慢拼就可以了，于是两人开始交往，之后她更觉得这个男人对她体贴入微。经过短短两个月的交往，她就决定嫁给他了。很快两个人步入了婚姻的殿堂。所有人都来祝福这对新人，同时，所有的流言蜚语也戛然而止。

然而，仅仅生活了半年，他们离婚了。因为婚后蔡江丽发现这个男人很花心，表面光鲜亮丽，其实很邋遢，而且总是夜不归宿。终于这段婚姻在蔡江丽发现丈夫出轨的时候，画上了令人遗憾的句号。

认真想想，就算那些流言蜚语再苛刻难听，也没有造成任何的损伤啊。就算家人逼婚，你也可以将自己的单身生活告诉他们，并让他们知道你生活得很幸福。凑合着把自己嫁掉，就等于是在敷衍你一生的幸福。即便遇到了一个好男人，也应该互相了解透彻，真正达到情投意合，今后的生活才会幸福。

在相信缘分终究会到来的基础上，坦然面对自己的单身生活，同时也是在结束更多的自由之前好好规划单身幸福空间。让我们来细细总结一下单身的幸福据点：当你单身时，你可以与你的女友煲几个小时的电话粥，而不用看任何人的脸色；当你单身时，你可以有很多男性朋友，而你无须对任何人做任何解释；当你单身时，在家呼朋唤友，纵使大宴宾客三天三夜，也没人怪你杯盘狼藉；当你单身时，你可以为工作忙碌，或沉浸在自己的爱好中，生活丰富自在；当你单身时，拥有大把的独处时光，几顿饭不烧也没人骂你懒。

既然单身会是如此地幸福自在，所以不要再为婚嫁而心急如焚了，在没有找到完全合适的伴侣之前，为自己的单身喝彩吧。

3. 放纵会让你失去美感

又是一个寂静的夜晚，一些因空虚而倍感郁闷的女人或蜷缩在家中无所事事，或游走在街道上。突然感觉人生好无趣，自己的存在貌似是多余的，似乎没有任何一样东西或事物能提起兴趣。

何丽娟给自己的闺蜜打电话，说："我好无聊啊，郁闷死了啊！"

闺蜜说："怎么又郁闷了？我看你干脆找个男朋友！"

何丽娟说："不找，我单身生活自由自在的多好！"

闺蜜说："那你无聊什么？是有什么不开心的事吗？"

何丽娟说："突然觉得干什么都很没有意思，你说这人活着是为什么啊？"

闺蜜说："我的小姐，这个问题恐怕你得去问那些专家，我只知道活着就得逍遥。"

何丽娟说："我可逍遥不起来，我只知道我现在要被闷死了。"

闺蜜说："可别，你来找我吧，就在北市区天街公园旁边的酒吧！没来过吧？我让你看看什么是神仙的生活。"

何丽娟说："去那里？不太好吧！感觉里面的人都太疯狂了！"

闺蜜说："娟子，我看你都快成了土星人了，那叫时尚，追求潮流，你不是郁闷嘛！带你去宣泄一下，保证把你的郁闷一扫而光！"

何丽娟说："那好，等着，我这就去找你。"

……

一个月后，何丽娟与她的闺蜜经常在酒吧中尽情地喝酒，大喊大叫，不时地跑到舞池中蹦迪。何丽娟觉得自己浑身上下的闷气一扫而空，她来回穿梭于俊男靓女之中，疯狂地甩弄着自己的头发与四肢。在舞池中，她忘却了自己，忘却了自己曾经的豪情壮志。

当你感到空虚郁闷，最终决定放纵自己并不是一个很好的选择。

抽烟、酗酒，甚至去做一些更过分的事情，到最后受伤的只会是你自己。排解郁闷的方式有很多，但不是用这种自暴自弃的方式解决。

其实，你之所以会郁闷，是因为生活不够充实造成的。如果将生活安排得紧凑些，又怎么会觉得郁闷、心灵空虚呢？让自己忙碌起来，会使你没有时间理会那些烦恼。

还有，要保持一个好的心态，学会爱自己，时刻让自己保持最佳的精神状态。不要害怕困难，遇事先往好处想，多鼓励自己，给自己多提一些积极的暗示。用愉悦的心情看天，你会发现天空原来蓝得如此美丽，你的人生同样会很美好。

或者去感受一下大自然的气息，大自然的美丽与清新会让你的心灵得到释放。想象一下你在大自然中尽情地奔驰，清晨的雨露沾湿你的衣裳，芳草的清香填满你的心田，浓密的枝叶和穿透缝隙洒下的阳光……这一切都是那么美好。同样，维持你自身的美好，不要再被那些疯狂的发泄方式而丢失自身的美感，你就会像这大自然一样，令人陶醉。

4. 别因为寂寞而放纵爱

站在纷纷扰扰的人群中，没有谁肯为我们驻足。想加入某个团体，却发现自己依旧站在被忽略的角落。突然心里空落落的，看到前方彼此相拥的情侣，脸上甜蜜的温馨，有一种酸涩，甚至向往。

是寂寞在作祟吧！因为寂寞，所以迷茫，找不到方向更加痛苦，没有精神寄托的身躯不过是空壳。是的，我们需要爱，需要爱来挽救寂寞的腐蚀，需要爱为自己注入活力，需要一个伴。因此，很快你出手抓住一个人去爱，寂寞瞬间被对方的出现驱逐，这一刻让你心安，可这样的爱会幸福吗？

已经32岁的畔玉经过七八年的打拼，工作上小有成就，而她的情感道路却一直不顺利，至今单身。一次偶然的机会遇到了大学同学冯涛，他结婚多年，有个3岁大的女儿，然而他的婚姻并不幸福。两个人坐在一起时通常是相互诉苦。冯涛不断地抱怨自己的婚姻如何不幸，妻子如何不解风情、不孝顺、懒散……畔玉则抱怨自己遇人不淑，每每都以分手收场。

畔玉感觉内心空虚寂寞，冯涛渴望情感刺激。久而久之，两个人不知不觉走在了一起，并且感情发展得很快。

一天深夜突然下起暴雨，畔玉给冯涛发了一个短信，半个小时后，他就赶到了畔玉家。从那天开始，畔玉觉得自己很需要冯涛的关心，虽然不清楚他们之间到底是不是爱情，不过有冯涛在她就感到心安。她告诉冯涛，如果他愿意，将来她可以和他生活，也不介意当后妈。

但畔玉没有想到，她的这个想法让冯涛开始减少了和她的接触，并且总是说家人身体不好而回避谈论这个话题。后来冯涛说他们之间的事情被妻子发现，并发生争吵，他虽然提出了离婚，却被妻子拒绝。而实际上，冯涛承诺妻子不再与畔玉接触，才换得他妻子的原谅。

知道情况后的畔玉如坠深渊，再次的感情受挫让她肝肠寸断，整日忧伤，连工作都无法正常完成。原本消失的寂寞感如洪水猛兽在她心里泛滥。后来她辞去工作，离开了这个城市。

爱是神圣、纯洁的。一旦因为寂寞去爱上一个人，爱中便夹杂着私欲。因欲结合的爱，脆弱得不堪一击。仅仅是为了摆脱寂寞，就随意找个人恋爱，是对自己、对他人的爱的不尊重，如此动机不纯的出发点，又怎么奢望能有好的结果呢？也只能将这种爱当成给空虚的自己一个玩伴。拿感情做游戏的人，心里只会更加寂寞。

或许一开始只是为了填补内心的空虚，但不难保日久生情。一旦彼此的情感成为一种习惯，你便无法摆脱对对方的依赖。最终，对方执意离去时，你不得不割舍这份情感，反而让你更加痛苦。

也许你够理智，不会使自己深陷其中不可自拔，但对方却全身心地爱着你。当你真正喜欢的人出现时，面对对方一如既往的深情，你可有勇气拒绝？就算因为一时心软或愧疚不忍拒绝，这样的感情如同鸡肋，嚼之无味，弃之可惜。

所以，不要因为寂寞而去爱上谁，爱情是真善美的象征，是情不自禁的相互吸引。纵使内心寂寞的你再脆弱，尤其是看到那些置身热恋中的男女，心生羡慕，也要保持一份清醒理智。我们有一颗善良的心，对自己负责，也要对他人负责。

自信些，寂寞只是暂时的，在这段期间多进行一些娱乐活动，去做从前你想做但还没有做的快乐事情，慢慢等待真爱的出现。当遇到真正值得我们去爱的人，再谈一场能够天长地久、开花结果的恋爱岂不是更幸福？

5. 宁静是幸福的极致

女人的幸福就掌握在自己手中。当我们火急火燎地做这做那的时候，何不停下来，让身、心、大脑休息片刻，将所有的烦恼统统驱逐，保持片刻的宁静。

有位妇人，总会为一些琐碎的小事生气。自己心情不好还连累所有关心她的人，于是便去请一位得道高人指点迷津。

那高人听了妇人的讲述，一言不发地把她领到一座空房中，扣锁离去，任凭妇人如何粗口咒骂也不理会。一段时间后，妇人见硬的不行，便来软的，苦苦哀求。但那位高人仍置若罔闻。许久之后，妇人终于沉默了。

那位高人来到门外问："你还生气吗？"

妇人说："我生气。我吃饱了撑的没事干，跑到这里来受罪。"

那位高人淡漠地说："自己都无法原谅自己的人如何心如止水。"唉叹一声，高人又离去。

妇人回味着高人的话，不断重复着"心如止水"四个字，渐渐地，她坐在屋中，闭目冥思，她听到风从窗内吹过的声音，闻到风中夹杂的湿润泥土香，还有屋外鸟儿的鸣叫……慢慢地，她在心中勾勒出一幅宁静致远的山水美图。

那位高人隔窗看到妇人一脸祥和，满意地点点头，问道："现在还气吗？"

那妇人起身回答："不生气了。"

那位高人问："为什么？"

那妇人说："生气让我丢了太多美好的东西。"

要心如止水，就要学会宁静。唯有宁静的女人，才能摆正心态，坦然自若，不为外物侵扰，不为欲望熏心，不为生活压抑，从容淡定地面对人生的种种，不错过任何能够给予自己快乐幸福的瞬间。

心如明镜，万物清秀。学会宁静，我们就拥有了一颗平常心，宽容地接纳一切，心平气和地倾听生活中的妙曲。宁静可以使我们的感知升华，紧紧地与大地相连相交，从而变得丰富和辽远，同时也可以使我们的思想和理性变得像天一样广阔。

能够在宁静中体味生活的女人，无论遇到任何挫折或磨难，总会找一些赏心悦目的事来安慰自己。例如，到大自然中走一圈，观赏花鸟鱼虫，细品高山流水，那份自然总能够净化任何暗藏的"污垢"。到厨房里，去做一些从未尝试过的新菜，那份认真与探究或偶尔的手忙脚乱，完全吸引了你的注意力。这样的女人往往神态凝芳，笑容淡定，总会带给人无限的遐想，不是厌恶而是由衷的欣赏。

幸福的极致从宁静中获得，懂得宁静，可以让我们放慢生活的脚步，聆听自然；可以让我们懂得生命的内涵和生活的情趣；可以让我们从容面对进退和得失。

宁静使女人心旷神怡、超然物外，与世俗琐事保持一定的距离。拥有了宁静的女人，便拥有了柔情、优雅与智慧。面对世事"出淤泥而不染，濯清涟而不妖"，面对偶尔的混乱处变不惊。心境平和、怡然自得、睿智优雅的女人是美丽的，这种美是永恒的，不因岁月的流逝和年龄的增长而改变。学会宁静，拥有平常心，伴着你的将是生命的喜悦、精彩的故事以及咀嚼不尽的幸福人生。

6. 独处，是另一种修行

独自站在黑暗的角落中，看着喧闹、熙熙攘攘的人群，很多女人会沮丧地对自己说："我是孤独的一个人，没有人能看到躲在黑暗中的我。"也有很多女人会想："为什么没有一个人可以理解我，整天像行尸走肉一样地活着，人生还有什么意义可言？"

事实上，在生命的旅程里，我们都是孤独的勘探者。面对复杂多变的社会，我们要独自适应；面对挫折，我们要独自承受；面对磨难，我们要独自克服；面对感情，我们要独自经历；面对人生，我们要独自承担……

生活中所有的一切，都是要我们亲自完成……

姜丽是一个大学生，从小生活在都市中，但她毕业后却申请去乡间做一位老师，教导那些贫困的孩子。很多人为她感到惋惜，毕竟将自己的青春葬送在一个穷乡僻壤中，那样孤独的岁月该是如何地困苦。

……

昨夜下了场雨，早晨的空气湿润而又清新。姜丽背着文件包独自一人小心翼翼地走在弯弯曲曲的乡间小路上，躲避泥泞的水泽和湿漉漉的杂草。风轻轻吹拂，树缓缓摇动，鸟儿在枝头"唧唧喳喳"不停地叫。没有阳光的照耀，清晨的乡间显得更加寂静、冷清；而姜丽却很喜欢这种宁静的感觉，任思绪在空气里飘飞。

当她教完一天的课程，独自在家的时候，她喜欢开启柔和舒心的音乐，声音不大却充满整个房间。在放松的氛围里享受美好的乐曲，尤其是做家务的时候，她觉得这样不仅不会单调枯燥，心情也会快乐舒畅。

当学校放假的时候，她常常坐在一片竹林中，旁边有沏好的香茶，静观青山绿水，或备一份书籍，席地而坐。孤独的时候品茶读书，让她的内心充满惬意和悠然。她喜欢静静地思索，与作者进行心灵对话，获得精神的享受，还有生活的感悟。

她常对自己的学生说："人生最浪漫的是'花间一壶酒，独酌无相亲。举杯邀明月，对影成三人'。虽然孤独，却充满豪情，富有诗意。"

她也常常提醒那些进入青春期的孩子："孤独的时候，别让寂寞住进你的心灵，别让忧愁包围你的双眼，更要阻挡烦恼的入侵。走进我们身后的大自然，欣赏秀美的风景、柔和的山水，当你感悟到生命的真切，你会体验到孤独原本如此美好。"

寂寞空虚让一些女人感到孤独。如果远远地躲开尘嚣和喧闹，就让你躲开了名利、权势、虚荣和奢华的牵绊。这时候，你的精神会如白云行空，随风逐流，无拘无束而又自由自在。你可以拥有更多属于自己的时间，好好地审视一下自己的内心世界。

你会发现，原来自己一直忽略了"自我"，纵使在一起狂欢的人再多，场面再热闹，也只能是暂时的麻醉总有曲终人散时，此刻最孤独。或许有些女人听过这样一句歌词："孤独，是一个人的狂欢；狂欢，是一群人的孤单。"

或许有些女人只是想找个能够解读她内心孤独、愁苦的伴侣，能让她的心灵得到慰藉，好比"身无彩凤双飞翼，心有灵犀一点通"的美妙情节。然而茫茫人海中，要找到一个能和你心有灵犀的人谈何容易？与其在失落时才发现原来你身边竟没有一个可以倾听你心声的人，不如先学会享受一下孤独能带给你的幸福。

回顾以往所看到的典籍，历史上，多少脍炙人口的千古绝句和乐章，都是在孤独寂寞中成就的。"枯藤老树昏鸦，小桥流水人家。古道西风瘦马，夕阳西下，断肠人在天涯。"个中的孤独和凄凉不是在任何氛围下都写得出来的。

倘若没一颗孤独之心，李清照怎会写出"梧桐更兼细雨，到黄昏点点滴滴"的长叹？怎会有柳永的"多情自古伤离别，更那堪冷落清秋节"的哀伤？所以说孤独有时候是一种财富，它可以激发人的灵感与智慧，让自己不断超越自己，渐渐变得成熟。

当暗夜来临，不要再强迫自己苦苦思量人生。淡然地独守一盏心灯，静静凝望苍凉无垠的夜色，便没了痛苦与压抑，细细品味着寂静清远的孤独，把平日里那颗焦躁的心融入宁静如水的夜色，这会让你在忙碌后摆脱疲乏，在寂静中独对心灵，在冥想中享受美好，舒心而玄妙，让虚无变得富有，安然地品味孤独所能带给你的最大享受！

7. 在寂寞中颓废，不如在寂寞中丰盈自己

无论将自己置身于多么繁忙的工作中，也无法摆脱心中的寂寞。为了诱人的财富权势、功名利禄，不断追逐；为了获得人生的成功，得到所有人的认可，不断拼搏；为了那时时从身侧滑过的香车与钻石，在痛苦与渴望之间挣扎……牺牲、努力，跌倒再爬起来，无论是事业、婚姻、家庭，一切变得麻木。终于，寂寞愈演愈烈，变得孤独、浮躁或忧虑。

女人一旦颓废终会走两个极端，其一，疯狂地放纵自己，置身灯红酒绿，整天纸醉金迷，混沌度日。其二，封闭自己，不与外界接触，与黑暗常伴，常常在脑海中虚构一些不切实际的幻想，消极度日。可不管是选哪种，不仅不能缓解寂寞对自身的啃食，还会越加寂寞。

寂寞的不单单是你一个人，生活中每一个人都或多或少存在寂寞心理。既然我们无法摆脱寂寞，就应该学会在寂寞中丰盈自己。

女人的美丽不仅仅是外表，更在内心。一个内心丰盈的女人，端庄、优雅、睿智，举止协调自然，谈吐不凡，即便静立无语，却给人一种亲切

感。

谢冉结婚 10 年，已然从一个亭亭玉立的少女变成了除了工作就是围着家转的家庭主妇。这 10 年来，她相夫教子，孝敬公婆，勤俭持家，家里的开支都由她全权负责。平时习惯了节俭，自己不舍得吃不舍得穿，一心全扑在了家上。本是幸福美满的一个家，却迎来了晴天霹雳。

那天她的丈夫喝了一点酒，但人很清醒，突然站在她面前要求离婚。谢冉顿觉天都要塌下来了。后来，丈夫不再回家，谢冉觉得人生走进了低谷，整天如行尸走肉，内心从未有过的寂寞感瞬间淹没了她对生活的信任与坚持，她的付出和努力无人理解，痛苦无人倾诉。

在一番痛彻心扉之后，她站在镜子面前审视自己，才猛然发现，岁月蹉跎，皱纹已过早地爬上了她的眼角，一身很落伍的衣服早已不复当年的颜色，一穿就是几年，老土破旧。

这么多年了，她突然觉得不值得。她渐渐明白女人应该善待自己，在寂寞中自怨自艾只会成为他人的笑料，是对自己不负责任。于是，谢冉开始学会装扮自己，给自己买合适的时装，用一些名牌化妆品，定期到美容院做护理。有时间就去郊游，交了很多知心的朋友。无聊就看看书，甚至还买了一些舞蹈光碟，学习跳舞……慢慢地，谢冉发现生活原来可以如此美好，久违的笑容又重新洋溢在她的脸上。走到哪里都有人夸赞她的端庄与优雅，甚至后来她的丈夫不再提离婚的事情，恳求她的原谅，重新回到她身边。

内心丰盈的女人，会更加从容，不会为得失或诱惑而失去理智，对事物的好坏取舍有着独特的判断力。这样的女人懂得爱自己，也能得到别人的爱，不盲目、不浮躁，时刻保持着正确的人生态度和价值取向，从不怨天尤人，也不会妄自菲薄。寂寞只会在这样一个内心强大的女人面前悄悄失去威力。

寂寞在伤害我们的同时也会给我们带来一些好处，领悟生命的真谛正需要这种寂寞的状态。因为寂寞，所以需要我们跳出日常生活的藩篱，反思过去。寂寞的确会令人窒息惆怅，但也唯独这种窒息惆怅，我们才能将更多的注意力放在自己身上。

生命有时就像一本书，内容极其丰富，有诗、画、歌、故事，有成败、有高卑、有荣耻、有静狂……我们要学会一个人在寂寞中去静静地阅读、欣赏，从而懂得如何享受生活。

享受生活就要有丰富的内心，不将精神或感情寄托在任何人身上，而是自己解救自己，安排好自己的生活，为自己留有一些空间，丰盈自己。

又是一个人的夜晚，杜祺将简单的家务处理完，梳洗后，坐在桌前借着温暖的灯光手握一本书静静地品读。

有多少个宁静的夜晚都是这样度过，在柔和的灯光下，半依在床上或在温暖的被窝里，手捧一本书。灯影相伴，窗外虫鸣，流水潺潺，真是有说不清的快意。将白天的纷繁、工作的琐碎全部都丢在脑后，只是沉浸在阅读的快乐中。

每每到这个时候，手捧书卷，心里有说不出的恬静。夜晚有书相伴的日子不会寂寞冗长，静静地品味书中的精彩，宁静而安详，丰富而充实。

有时读书读累了，杜祺就会换种方式放松自己。将洁净的白纸铺在毛笔字帖上，蘸着浓黑的墨汁一笔一画临摹，那些纷纷繁繁的杂念都置之度外，心顿时沉静下来，时间也在一个一个飞舞的字体中悄悄溜走。寂寞是什么？她早已忘记。只将身心投入到如此丰富与精彩的夜晚！

读书让女人变得更聪慧、更高贵优雅。娴雅、端庄，品性与才智，能够让人透过那双清淡安静的眸子，让人领略到她内心的富有和知识的沉淀。这样的女人，必然有一颗充满爱的心，虽然也会为生计奔波，也会在职场竞争，也许劳累也会令她的发梢散乱，但你从她眼中看不到怨恨，你看到的只会是纯静、柔情和雅致。当岁月洗去青春的芳颜，当皱纹无情地爬上额头，却可以从容地做个优雅女人，这想必是每个女人都向往的事。

当女人具有充实的内涵和丰富的文化底蕴，便有了一份从容，一份随和，一份快乐，一份文明，一份超凡脱俗。没有那么多的忧虑和计较，没有那么多的苦心和盘算，没有那么多的渴望和期冀。

在寂寞中丰盈自己。端庄、优雅是一种感觉，它来源于丰富的内心，它是智慧、博爱、理性与感性的完美结合。内心丰盈的女人不会强求，顺其自然，便能获得爱与尊严。

8. 你对生活微笑，生活就会对你微笑

常常哀叹上天不公，为何让自己经历一次又一次的磨难，每当希望来临的时候又将其打破，每当抱着渴望的心理期待的时候，希望越来越渺茫。磨难来临，或许丢失了一份工作，或许心爱的人转身离去，或许朋友各奔东西……感觉生活没有温暖，走到哪里都是冷漠与萧条。

遇到挫折，我们一直以悲观的心态观察生活，所以看到的往往是生活的阴暗面。因此，稍微出现的磨难便会造成心底的阴影，对之耿耿于怀无法淡忘。

有人说："生活是一面镜子，你对它愁眉苦脸，它也会对你愁眉苦脸。你对它微笑，它也会对你微笑。"是的，如果我们整日愁眉苦脸地生活，伤心、难过、哀痛，等等，我们就会慢慢地对生活失去了兴趣。但如果我们爽朗乐观地看待生活，生活一定会回报以温暖人心的灿烂阳光。

夫妻二人因为谁做饭争执了半天，最后丈夫半躺在沙发上看电视，不再理会妻子。妻子在卧室里待着，她突然觉得自己刚才一定像极了母夜叉，要是破坏了自己在丈夫心中一直以来的淑女形象可就得不偿失了，更何况他对她一直很体贴。于是她便想通了，想要和丈夫和好，但一时找不到台阶下，灵机一动，她炒了一盘花生米端到丈夫面前说："吃吧，吃饱

了我们接着吵。"简单的一句话，将还摆着冷若冰霜脸色的丈夫逗得哈哈大笑起来。见丈夫笑了，她也跟着乐起来，就这样，一场不大的小矛盾在笑声中化解开来。

一直以来我们都认为苦难如何不好，却没有想过苦难教会了我们什么。每当我们变得坚强，不正是一次次从苦难或挫折中重新站起来，学会珍惜、学会坚持、慢慢成熟的吗？因此我们更应该学会感谢苦难，从容微笑着面对生活中的种种。

时常抱怨生活的艰辛与无奈，只会让微笑成为吝啬的奢侈品。舍不得宽容生活，舍不得给旁人一个会心的微笑，认为冷漠树立起来的高墙是对自己唯一的保护。渐渐地，内心那份真挚不小心失落了，失落在琐碎的争执里，失落在内心的不满里。

苦中作乐并非只是贬义，这也是一个人内心强大的一种象征。抱怨或悔恨不能改变事实，何不给自己一个能快乐起来的理由？那么一切的不如意将融化在那丝微笑之中。

亚楠开了一家杂货店，生意非常冷清。后来，她不仅赔光了自己所有的积蓄，而且还债台高筑。那段时间她丧失了所有对生活的憧憬与期望，每天都在唉声叹气，愁眉苦脸。当时她打算去银行贷款，开始经营自己新发现的项目，只是她无论如何也提不起精神来。在去银行的路上，她一边走一边垂头丧气，抱怨生活的不公。

走着走着，她看到马路边上一个没有腿的人。那个人坐在一块木质的滑板上，两只手各抓着一木棍，就这样向前滑着走。那个没腿的人看到亚楠一直在注视着他，便咧嘴笑着向她打招呼："大姐这是要出去游玩吗？今天天气很不错啊！"

他的笑容如春日的阳光般温暖人心，亚楠非常震惊于他此时此刻此种状态还能如此乐观，诧异地问："你此刻还能笑得出来？"刚说完她就后悔了，但那没腿的人却笑道："我有一双比任何人都会发现美的眼睛，以前习惯了车水马龙，现在能安静仔细地观察周围的风景，才知道自己过去错过的太多，所以我很庆幸，自然很开心。"亚楠再次震惊，她突然意识到自己其实很富有，她有两条健全的腿，一双可以带着她自由行走的脚。她郁闷的心情瞬间挥发，笑容可掬地对那个没有腿的人说："今天阳光很温暖，很适合外出远行。"她向那个依旧一脸灿烂笑容的人挥挥手打算离去，又回头补充了一句："祝你好运，小兄弟！"继而转身向银行的方向奔去了。

有人说："生命是一朵含苞待放的花，乐观者已经看到它结出硕大的果实，而悲观者则担心它瞬间绽放后花枯瓣落。"就像天气，变幻莫测，突发而至的风雨雷电总让人防不胜防，但无须多忧心，灿烂的阳光总会冲破厚重的乌云。

当我们羡慕他人的财富与华丽，忌妒他人的美貌与睿智之时，别妄自菲薄。生活没有了挫折与困境，就没有了生活的实质，只有淡定地面对，乐观向上，你才能成为真正意义上的强者。失去工作又如何？正好可以给自己劳碌的心放放假，回家看看父母或者去做一些一直没有时间去做的事情。事业失败了，也不用颓废到要死要活的。失败必然有原因，查出原因何在，不仅帮助我们变得更加成熟沉稳，也可以暗自庆幸没有造成更大的损失，而且笑一笑还可以免除身边人的担心。

俗话说："宁窝一回气，不打笑脸人。"纵使与同事或好友之间发生了冲突，如果不想事情变得更加糟糕，或者不想失去他们，诚挚地笑笑，便可以化去悄悄滋生的仇恨。谁对谁错又有什么关系，重要的是你做到了问心无愧，不必再担忧事情进一步恶化。

清晨睁开双眼，站在镜子面前做一个鬼脸或调皮地眨眨眼睛或者温馨地微笑，这一天的心情也会大好。

微笑就是这样神奇，它可以让生活因我们变得神采飞扬。它是连通心与心的桥梁，化干戈为玉帛，鼓励失败者，传递彼此情与情的枢纽。生活的路虽崎岖，就让我们用微笑来对待自己，用微笑对待生活中的每一天。将嘴角稍稍翘起，用从容淡定的态度外加上一个微笑的眼神，我们便拥有了一个崭新的自我，拥有了一片多姿多彩、温暖舒心的天空。

9. 逃离沮丧，承认失败，学会坚强

我们渴望成功却一再害怕失败，一旦失败便从此愁眉不展，找到原因后却又悔恨苦闷、自怨自艾，甚至自暴自弃。实际上，失败并不可怕，关键在于我们对失败持有怎样的态度。想想那些历史上或者当代的伟人，有哪个没有经历过失败。

如果我们能够正视自己，错就是错，失败就是失败了，其实没什么大不了，并不会有损自己的尊严与身份，反而说明我们内心的坦诚。一旦承认失败，我们就有勇气去面对，从失败中总结教训，当遇到相同的障碍时就能够从容应对。犯错是接近目标的垫脚石，换而言之，勇敢地承认失败，失败便会成为成功之母。

2008年8月9日，杜丽在冲击奥运会首枚金牌时未能成功，这让很多对其抱有希望的人感到遗憾。在奥运会前，不少报纸都登出了杜丽有望获得奥运会首金的报道。其中分析，杜丽是2004年雅典奥运会冠军。

杜丽是最大的夺金热门，但最终只位列第五。这次失败并非她退步或者不够优秀，而是她背负的压力过大。在巨大的压力面前她失去了以往的平静，射击考验的不是人的勇气，而是参赛者的心态。心态不淡定，稍有波动，发挥失常就是很正常的事了。

而在8月14日，杜丽从奥运会首日的失败中重新站了起来。虽然进入决赛前，杜丽仍被对手领先一环，但决赛中杜丽打出了101.3环的好成绩，并最终以总成绩 690.3 环创造了新的奥运会纪录，夺得女子 50 米步枪三种姿势项目的金牌。

有人说："人生的每一步就像一场赌局，你不可能总是赢家，也不可能总是输家。赢了，自然是欢呼雀跃，兴奋不已；而输了，却时常捶胸顿足，痛心懊悔。"如果我们任由失败后的沮丧蔓延到以后的生活中，那么不仅之前的失败毫无意义可言，还会影响到我们未来的境遇。

失败虽然是一种打击，但是只要我们学会坚强地承受失败，不在失败的重压下灰心丧气、丧失斗志，愿意继续去尝试、去拼搏，你一定能够取得最后的成功。承受失败不是让你沉浸在失败的阴影中无法自拔，而是让你重视失败、吸取教训。

生活中往往有一些女人习惯用失败者的角度审视自己，当她们站在镜子前时，脑海中会想起一个声音："看看你这身俗不可耐的衣服还有眼角不笑自显的皱纹，老态龙钟，估计你肚子上松弛无度的赘肉永远也减不掉了。"当她们走在大街上时，内心会有个声音询问："为什么你长得这么平凡，身材这么臃肿？"

当她们看到那些出双入对的情侣时，往往哀叹："为什么没有人关注我？为什么没有哪个男人肯为自己倾慕？难道注定自己要孤苦一生，或者只能随意找个人结婚？"

我们或许已经过了青春靓丽的年纪，或许没有一副好身材，或许为了生活而奔波，或许依旧一个人承受日月交替的孤单，但是，我们不应该选择用失败者的态度对待自己，不应该让心底蠢蠢欲动的阴暗面控制自己。否则当消极处世成为习惯，你便失去了自我，成为消极情绪的傀儡，你的自信与勇气荡然无存。自己将自己鞭挞得遍体鳞伤，也只会如想象的那样成为他人眼中最平庸甚至颓废的一个。

如果没有了承受失败的勇气，在今后的路途中便没有了笑声和对生活的热情。我们要相信承受失败的勇气是一种非凡的力量，它可以让我们摆脱沮丧，重拾起对生活的自信。

当失败出现低落情绪时，你要勇敢地告诉自己："我是一个快乐的人，我是一个善良、温和、有能力的人，我喜欢我自己，我所具备的优点他人不一定会有，我的成功、我的爱情都在不远处的拐角等待着我，我所存在的价值无人能取代，被人尊重、被人爱戴是我潜在的魅力。"充满信心坚强的话语能够激励毫无斗志之人重新燃起斗志，能够让她相信她就是那样的人。

"在哪里跌倒，就在哪里爬起来"。人生之路不会尽是平坦的大道，也有坑洼不平的小径，跌倒了不要指望别人来扶你，自己爬起来，再一次向前冲去。人生的经历也不尽是鲜花和掌声，也有乌云盖顶，荆棘密布。我们要坚信生活终究会美好。

我们的内心快乐与否，不在于我们拥有多少财富、多少名望，而在于我们是否真正感觉到幸福。对幸福的感知，需要由我们的内心来操纵。学会调控我们的内心姿态，停下仓促的脚步，放松生命之钟的发条，"不以物喜，不以己悲"，这样我们就学会了坚强，懂得拾取快乐。

我们应当记住：快乐的钥匙永远掌握在你自己的手中，那就是从容淡定地面对人生。

10. 浮生若茶，沸水才能沏出生命和智慧的清香

生活充满了坎坷，生命的交响曲有高潮也有低谷。我们的人生总是在黑暗与白昼中来回交替。走在崎岖不平的道路上，有时烈阳暴晒，有时风雨交加，有时冰寒刺骨，有时春暖花香……面对一次又一次的挑战，承受一次又一次的挫折，身体累了，心也累了，甚至觉得活着都很累，开始迷茫人生是为了什么。

心理学家史蒂芬·柯维说："人们对待生活的心态是世界上最神奇的

力量，带着热忱、激情和希望的积极心态投入到生活和工作中去，能将一个人提升到更高的境界；反之，带着失望、怨恨和悲观的消极心态，则能毁灭一个人。"

一个屡屡失意的人沮丧地对智者说："像我这样屡屡失意的人，如此苟且地活着，还有什么意思？"

智者静静听着这个人的哭诉与悲伤，等他说完后说："口渴了吧？"那个人随意地点点头。智者变出一张桌子和一壶温水、一包茶叶，示意那人坐下后，智者抓起一把茶叶放入杯中，倒入温水，说："先喝口茶。"

那人端起杯子，通过传到杯子上的温度，再看到浮在水面的茶叶不解地问："智者用温水泡茶？"

智者只笑不语，示意让他喝下。那人只好小酌了两口。智者问他："茶可香？"

那人摇头说："一点茶香也没有，这什么茶？"

智者说："这是很有名的铁观音，怎会没有茶香？"年轻人听闻是如此好茶，不禁又端起杯子细细品了品，可依然说没有茶香。

智者又变出一壶沸水，将茶叶放入杯中，注入少许沸水。放在那人面前，那人看到水蒸气腾腾地上冒，茶叶在杯中上下沉浮，渐渐地一股沁人心脾的茶香袅袅溢出。

那人忍不住想要端起杯子，智者说："稍等片刻。"智者又向杯子里注入一些沸水，杯中的茶叶上下沉浮得更厉害了。茶香更是浓重。就这样智者向杯中往返五次注入沸水，直到杯子满了。智者问："你可知道这次泡茶与上次泡茶有什么不同？"

那人回道："第一次用的温水，第二次用的沸水。是水不同。"

智者笑道："只对了一半。用温水沏茶，茶叶只是漂浮在水面上，然而却没有丝毫茶香。用沸水沏茶，茶叶在水中上下沉浮翻滚，则散发出诱人的清香。这是为何？"那人懵懂地摇摇头。

　　智者继续说道："好茶必将经历春日的润雨、夏日的烈阳、秋日的寒霜与冬日的冰雪，方可称得上是好茶，而只有在沸水一次又一次的冲沏后，茶叶沉沉浮浮才能释放出它全部的香醇。世间芸芸众生，与这茶有何分别？不经历风雨历练，不在坎坷与不幸中依然不屈不挠，怎可像这茶一样弥漫出生命和智慧的沁香？人生仿若茶，而沸水则是人之心，堕落、不自信、意念不坚定之人好比温水，只能一生庸庸碌碌。而自信、坚强、豁达又淡定之人好比那沸水。与沸水同曲之人有一颗热忱的心，即便大起大落，依然乐观地面对，甚至从苦难中享受到快乐。"

　　浮生若茶，心似沸水。当我们拥有一颗热忱的心，便能把挫折看成是历练、成长，那我们的人生必将又是另一番模样。生活本就在坎坷与平坦中，我们必须经得住挫折苦难的考验，也必须禁得起悲欢离合、痛心疾首的磨炼。只要我们有一颗热忱的心，便有了百折不挠的精神，任何事情不再对我们有伤害。

　　拥有一颗热忱的心，便有了豁达、从容、淡定，便知道如何热爱自己、热爱生活中的点点滴滴，对生活、对工作充满信心。

　　一个对生活充满热忱的女人，不会抱怨别人，也不会对生活、工作有太多的不满，一旦选择了自己的事业，就会满怀激情地投入进去，用热情融化前进途中的困厄、障碍。即使是最卑微的职业，也能从中体验到快乐与满足。当我们拥有一颗热忱的心，即便在烤面包、洗衣服或者洗碗擦地之时，也都是一副乐在其中的专注神态。

　　一个内心充满消极情绪的人，面对挫折或苦难时，总会在心里说："活着真是无意义，生命有这么多无奈，努力也是枉然。"而一个内心充满激情的人，面对同样的挫折或苦难则会说："相信自己，一定行的，加油。"

　　如果我们不明白温水无法沏茶的真谛，就只能过着平淡、庸碌的生活。而沸水的热忱将茶的内涵融入到了所有的角落，甚至散播到空气中，带给他人快乐的享受。

"浮生若茶，唯有沸水才能沏出生命和智慧的清香"。当我们能够于琐碎的生活中安静地坐下来，品一杯清茶，让心宁静而安详，细细饮酌其中的香醇，仿若品味人生，这就是幸福的极致啊。

第十二章

放下，刹那花开：
一念放下，便得万般自在

　　人生最大的痛苦莫过于徘徊在坚持和放弃之间，因为取舍不定，所以心灵会倍受煎熬。其实，对于不属于自己的东西，抓不住的情感，触不到的追求，我们完全可以放手，这样才能让自己从犹豫不决的痛苦中解脱。放弃和坚持也只在一念之间，果断地做出决定，坚持该坚持的，放弃该放弃的，才能彻底斩断内心的纠结，才会活得更洒脱，重新获得一个全新的自己，找到自己的心灵归属。

1. 要想除烦恼，最好的方法便是放下

生活中的诱惑无处不在，很多时候，我们甚至搞不清楚自己真正想要的是什么。其实，女人需要的很少很少，只不过心中的欲望告诉你必须要拥有得更多更多。总有这样的女人，看见别人有自己就必须有，哪怕这东西对自己根本没用，哪怕早已超出钱包的负荷，哪怕背地里只吃馒头咸菜，哪怕回家向父母伸手要钱。不管这种心理是不是虚荣，都已经给她们的生活和心理造成了不必要的负担。

李欢答应晚饭时要给丈夫做一道新菜"松鼠鱼"。刚结婚不久，两个人还处在度蜜月时期，李欢从小便是家里的娇娇女，十指不沾阳春水，但婚后她发现给丈夫做饭是一件很快乐的事情，尤其是听到丈夫的夸赞。

在菜市场买了两条鱼，让鱼贩将鱼清理干净，李欢回到家中在网上找到了做松鼠鱼的菜谱。但是，李欢死盯着案板上的鱼，不知到底如何下手，直到她丈夫回家，她只是将稀饭熬好。她将鱼摆来摆去，在鱼身上划了几道刀口，随后开始热油，这简简单单的几道工序硬是磨蹭了半个小时。

等她的丈夫饿得饥肠辘辘来到厨房时，李欢的鱼还没有下锅。她丈夫无奈地说："放下。"李欢不知所以，依然埋头观察油温，她丈夫又说一声："放下。"李欢这才反应过来，倔犟地说："你别生气，我马上就弄好了，你去客厅等着去。"

她丈夫宠溺地说："我是叫你放下鱼，不是生气。松鼠鱼我会做，让我来吧，看你的眉头皱得快成一道沟了。"李欢委屈地说："我这不是想让你看看我有没有进步嘛，让我再试试吧？"她丈夫说："你如果不放下，咱这顿饭要吃到半夜去了。不想去休息，就在一旁打下手，看看我是怎么做

的，下次你再试。"李欢放下手中的鱼，心里顿时一阵轻松，刚才的烦躁感顿消，开心地给丈夫打下手。

生活原本是有许多快乐的，只是自己常常自生烦恼，"平添许多愁"。自己在努力地追逐着快乐，却又总放不下心中的累赘，把不该看重的事情看得太重，总想放下些什么，却总也放不下。每日在尘世穿梭忙碌，每天忙着经营自己的世界，对工作、生活、朋友、亲人的期望值不断升高，可是到头来却什么也没有改变，什么也没有得到，想想自己是多么地幼稚与浅薄。

在恋爱或婚姻中，有的女人喜欢每天打好几通电话追踪男友或老公的行踪，不管是出于关心还是担心，这些多余的电话无疑已经成了他的负担；也有的女人一到节假日就只跟男友或老公腻在一起，完全忽略了两个人私人空间的建立。多余的关心和猜忌，多余的管束和限制，会给幸福的婚姻家庭带来伤害，更会拉大彼此心灵的距离，甚至多余的爱也会给心上人增添负担。她们以为这样是爱的表现，以为把男人拴在自己身边才踏实，然而事实上她们是在将男人越推越远……这不是自寻烦恼吗？更何况是关系到一生的幸福问题。

该放下就放下，爱情是要放养而不是圈养。换位思考，如果男人像你限制他一样限制你的行为，你会不会认为这是对你的不信任、不尊重，完全把你当成了犯人。估计你一刻也忍受不了这种压制的待遇，即便那是出于关心。

而现实生活中那些诱惑人的物质，的确能给你满足感，但花去全部精力，夜以继日拼命工作挣钱，待垂垂老矣回首再看时，除了那些生不带来死不带去的物质，你还能得到什么？

想要不再被烦恼折磨，就必须要看开些，放下那些能够对快乐或幸福造成不良影响的东西。同时，在生活中出现的不如意也要忘记，既然出现了，已经成事实，何必再耿耿于怀，破坏自己的心情。对一些不快乐的事情应坦然面对，波澜不惊；对工作生活中的琐事，该放手的就放手；对一些恩怨情愁，不再纠缠，不再为自己增加无为的烦恼。

放下才会快乐，放下是一种顿悟之后的豁然开朗，是一种重负顿失后的轻松如意。只要你心无挂碍，就能什么都看得开、放得下。只要你懂得珍惜现在，就能多些成熟，少些烦恼；就能多些深思熟虑，少些后悔遗憾。只要你在人生的追求中能多一份淡泊，少一份名利，快乐自然而然降临。

2. 扔掉你过多的目标，学会专注

当我们停滞不前，便开始迷茫，时时问自己所为何来，又终将怎样。因为我们的想法太多，所以不知从何下手，慢慢地，思绪越发混乱，就连生活也变得一塌糊涂。

小时候，老一辈的人给我们讲过狗熊掰玉米的故事，因为狗熊贪多，想要得到全部的玉米，掰一个向腋下塞一个，最后走出玉米地的时候，腋下竟没有一个玉米。我们知道，是狗熊目标太多，因而没有发现每当它打开手臂将手中的玉米放入腋下时，腋中的那个玉米已经掉了。

现实生活中，当我们逛商场的时候，总是东挑挑西看看，见一样喜欢一样，反而最后拿不定主意到底选哪个。拿起这个放下那个，又想要别的，结果一天结束了也不见得买到什么东西。

想有一栋别墅，又想成为哪个大集团的骨干；想找个好项目开公司，又想安于现状；想在一年内升职，又想跳槽去别的公司发展……想这个想那个，当然，想了我们也在努力着，然而却一件也无法实现。

归根到底还是目标太多了，让我们精神分散，穷于应付。目标就好比前方纵横交错戳着的靶子，而我们的精力就好比手中唯一的一支箭，一心想要同时射中多个靶子，瞄来瞄去，眼花缭乱，当箭射出，很可能一个靶子也射不中。

有个女人，过厌了穷苦的日子，因此给自己设立了很多目标，结果几年下来，竹篮打水一场空。她满心惆怅地去找隐士高人指点，并将自己的目标告诉了高人。高人给她背上一个竹筐，指着不远处一堆石头说："你将这些石头背到对面去填平那里的一个深坑。"

女人便按照高人的指使去做。竹筐里装了满满冒尖的石头，又重又沉，而且这条路很崎岖，遍地的小石子。等快走到一半时，脚下一滑，女人倒在了地上，筐里的石子掉了一半。女人慌了，刚要去装那些石头，这时高人走到她面前问："怎么倒了？"

女人说："太重了，而且路很难走，所以滑倒了。"

高人说："那现在你再背上竹筐。"

女人背上掉了一半石头的竹筐，轻松了很多，可是看到地上那些石头，有些可惜地说："如果将那些石头再放到筐里，一次背过去多好。"

高人笑着说："如若那样，你依然会摔倒。我们的人生就像这条小路，充满崎岖坎坷，而你背起的这些石头就像你人生的目标，想要轻松地走下去实属不易，你却为自己树立了太多的目标。"高人从她背后的竹筐中扔掉一块石头说："这是权势。"又扔掉一块石头说："这是功名。"接着继续扔掉一块说："这是财富。"一直等到高人将筐内一半的石头又扔去了一半才停止。高人问女人说："现在感觉如何？可明白否？"

那女人说："很轻松，身心也舒畅了很多，想要的东西太多，疲于负荷，反而一事无成。"

我们每个人的精力都是有限的，如果把精力分散到几件事情上，这几件事都不会完成得很顺利，既耗时又耗力，所以我们要集中精力抓住关键。

魏湘从小很喜欢画画，经过十几年努力，也颇有成绩。后来她去一家动漫游戏软件开发公司去工作，然而随着工作越发深入，她反而越苦恼。

一次跟游戏的赞助商吃饭，她说："进度之所以会慢，全因我本人而起，我脑袋里有很多想法，却画不出一个角色。"

那赞助商明了地点点头说："有很多想法，说明你具备很好的创作能力，它们就像餐桌上的这些菜，我们吃饭时总是拿着筷子一个一个夹着吃。如果想把这些目标一次性全倒进嘴里，可惜我们没有那么大的嘴巴，而且很可能卡在喉咙里。"

魏湘听后，终于明白是因为想法太多而不知取舍，最后造成了一事无成。

如果我们的目标太多的话，只会令我们眼花缭乱，无从取舍，反而左顾右盼，终将一事无成。倒不如坐下来，将自己制定的目标陈列在纸上，然后逐个分析，将不重要或者不实际的目标先删掉，留下最重要或者比较容易实现也最适合我们自身的目标去发展和追求。

目标的设定会对我们的人生产生深远的影响，所以要慎重不可随意。博古论今，那些成功人士，谈论起他们的奋斗历程，首先要说起的便是目标问题。只有明确自己的目标，不可贪多，才能集中精神和精力，才能避免做无用之功，奋起拼搏，成就辉煌的一生。

3. 你连他的样子都认不得了，还记着这些仇恨干什么

由于每个人的性格、经历、对事物的看法不同，所以很容易产生意见不合的情况，少不了一番争吵、冷战、反目成仇……又过多少年，你依然在回忆那段早应该被尘封的历史，甚至一经想起，还愤愤不平、耿耿于怀。

嘉媛在一家食品公司工作，因为她是新职员，所以经常受老职员刘珍

的欺负。刘珍倚仗自己资格最老，常常使唤嘉媛为她做事。一次，刘珍让嘉媛去倒水，嘉媛虽有些不情愿，但还是去了。结果回来后，刘珍挑衅地说："看你挺不高兴的，给我倒杯水委屈你了？"当时嘉媛很生气，碍于她资格老，在这部门有些地位，便没有发作，但心里决定以后绝不受她无礼的差遣。

果然，后来刘珍再指使嘉媛做些分外的事，嘉媛仿若未闻，置之不理。刘珍发现后，很气恼，便经常故意找嘉媛的碴。慢慢地，嘉媛在公司的处境非常艰难，因为同事们怕得罪刘珍，便合起伙来孤立嘉媛。最后，逼得嘉媛不得不离开那个毫无人情味的公司。

但嘉媛始终无法放下刘珍对自己的伤害，每每想起，一次比一次火大，渐渐地，她把这当成了她人生的屈辱。多年以后，当她再回忆起这件事情的时候，总是跟要好的朋友倾诉，说哪年哪月在哪个忘记名字的公司有个记不清是什么模样的人对自己造成了伤害。朋友们听多了，反而以为这是嘉媛胡编出来的事情，甚至有些不耐烦。

我们每个人肩上都有不可卸下的责任和担子，处在这个竞争日益激烈的社会中已经不容易，如果还把那些仇恨、烦恼时时刻刻记在心里，只会让我们更加辛苦。是时候该放下了，解脱自己，活得轻松些，才能快乐。

裳妍在一家普通的小售货公司工作，令她不解的是，不仅上司，就连其他同事都欺负她。

他们常常无缘无故地找碴把她骂一顿，甚至造谣诋毁她。裳妍很内向，被她们欺负后从不吭声，却一一记下了这些仇恨。

后来裳妍看到《神雕侠侣》中的一段情节：裘千仞杀害了瑛姑的儿子，为此瑛姑对他恨之入骨，便将这仇恨埋于心中几十年。当出家的南帝带着奄奄一息的裘千仞来到瑛姑面前，她已认不出眼前的人是谁。南帝说："你看，你连他的样子都认不得了，却还记着这些仇恨干什么？"因为仇恨，瑛姑几十年来一直生活得很痛苦！裳妍明白，各人有各人的造化，她有她的福气，既然连他们的样子都想不起来，记得那些仇恨做什么？

忘却那些毫无意义的仇恨，为紧勒的心松松绑，关注那些美好的事物，唯有心胸开阔之人才能拥有更大的胸怀去承接今后道路上的风雨。忘却仇恨烦恼，颇有"苦海无边，回头是岸"的意味，但这不是要我们看破红尘，而是更加积极地面对人生。生活中，不如意事十有八九，让心跟着浪潮大起大落，越久越累。我们并不想被他人误认为是心胸狭隘的人。一生真的很短暂，有人说："生命就在一呼一吸之间。"唯有爱惜自己，让自己幸福快乐，才不枉费走这一遭。而人生最幸福的时候，就是珍惜当下。

放下仇恨，就等于腾出空间迎接快乐。没有仇恨的心是明朗的，眼睛是通透的，看到的不再是世间的阴暗面，看到的不再是人人脸上的冰霜。幸福与仇恨相违背，唯有放下仇恨才能拥有幸福。幸福快乐的女人最珍惜当下的生活，过去的阴影同样是过客，留下的沟壑已经被岁月的尘沙填平，回头去看才发现，错过的风景原来很美丽，只是一心放在了那些枯草残壁之上。忘记仇，放下恨，从容淡定地珍惜现在的生活，这才是睿智女人的选择。

4. 赔了钱，不能再赔上心情

公司人事部经理叫蔡馨到办公室，对她说："由于金融危机对公司造成的影响很大，你也看到了，网上每天都在报道哪些公司破产或被收购。为了公司继续生存，上面决定对公司内全体员工降薪20%，如果不接受，公司不强求，自定去留。"蔡馨是怎么出经理办公室的已经记不清楚了，只知道当时脑子嗡嗡直响，虽然她已经在其他同事那儿听到了一些消息，做好了心理准备，但等到真正面对时，会这么难接受。

蔡馨浑浑噩噩地度过了一天，开始想自己的去留。如果辞职，现在找工作尤其是找称心的工作很难，投出去的简历就像打水漂一样，什么时候被关注还是问题。如果留下，20％的降薪，原本就拮据的生活，可要勒紧裤腰带才能过活。蔡馨无比沮丧。

赚钱不一定开心，但赔钱很容易让人心情糟糕透顶。荷包紧缩，就意味着衣食住行要紧缩。亏待自己的胃或者那些奢侈品倒在其次，最主要的是对精神的打击。一旦精神受挫，萎靡不振，心情烦忧，别说挣钱，吃饭也无味。

既然已经赔上了金钱，何必再赔上自己的心情，算算其实很划不来。钱没了多少，可以再挣回多少。一旦心情没了，不管是一小时还是一天、两天，因情绪低落，失望、焦虑、自责或者内疚，混沌度日，丢失的可不仅仅是金钱，而是生命。时间就是生命，过一秒少一秒，所以，不能让坏心情腐蚀我们有限的生命，心情不好时一定要及时自我调节。

梁倩被一家公司应聘上做销售员，应聘当天认识了一个同样去应聘的女孩，后来经过一些了解，那女孩还没有找到稳妥的住址，一直住在一家小旅馆。梁倩想到两个人住一起可以分担一半的房租，况且又是同事，多认识个朋友总是好事。于是两个人经过一番商量，便住在了一起。

半年接触下来，两个女孩出双入对，彼此相照应，关系好得像亲姐妹。一天，那个女孩想借用梁倩的银行卡，说家里父母怕在外面吃不好穿不暖，给打点钱过来。梁倩不疑有他，爽快地把银行卡和密码告诉了她。然而，那女孩拿着银行卡一去不返。直到过了一天一夜，梁倩在公司找不到人，打电话是关机，等回到家里，那女孩所有的行李不见踪影。梁倩头脑一阵发蒙，知道自己可能被骗了，赶紧去银行挂失。结果，一查询，卡里的两万多块钱只剩下两毛七。后来公司其他同事知道了情况，出于同情都很关心她。一次同事问她心情好些了没，梁倩哈哈笑着说："像今天的阳光一样灿烂，不觉得最近我苗条了很多吗？过去吃多少减肥药也达不到这种效果。不错，魅力值又提升了一格。"

不要刻意地去想赔了钱会对今后造成怎样不好的后果，可以分散一下自己的注意力，做些放松训练。比如做瑜伽，既能提升修养，塑造身姿，还能平和心态；或者听听音乐，跟着节奏一起歌唱；还可以做些运动，换个环境，到公园散散步，去野外爬爬山……只要是能让自己感觉舒畅的积极方法就不妨试试。

快乐不等于金钱，好情绪可是无价之宝，幸福感来自于良好的心情。心情好的女人，时时刻刻都是幸福的，她们脸上总洋溢着温暖的笑容。就像人们所说的："钱财乃身外之物，不可过于执着，否则苦其一生，不得自在。"

5. 没有未完的故事，只有未死的心

每每看到那些爱恨纠结终将以大团圆为结局的电视剧或者电影，我们都希望自己的爱情也会像那些影视剧中阐述的故事一样有个美丽的结局。这样的想法是美好的，现实却未必如此。

徐苒听着贝多芬的音乐，眼神渐渐游离。她想起和文彬一起生活的点点滴滴。那时候，他们一起上班，一起游戏，一起逛街，那时的徐苒是又开心又兴奋。

上班的时候，一有闲暇就走到一起打打闹闹，下班了一起去网吧玩游戏。那样的日子很充实、快乐。即便平时有些小矛盾，当两个人一起回想也会很开心。

而现在，就剩徐苒一个人生活，没有人跟她拌嘴，没人跟她说话，没人跟她分享生活中的点点滴滴。徐苒想文彬了，她想回到从前。走在回家的路上，眼泪模糊了她的视线，她不认为就这样和文彬结束了，或许她努力就还能让文彬回到她身边。

回到家中，徐苒拨通了文彬的电话，然而对面却传来一个女人甜蜜的声音："请问找谁？喂、喂……"徐苒愣住了，不知道该说什么，这时电话那头又响起那个女人的叫声："文彬，文彬，也不知道是谁打来的，居然不说话。""那就挂了，老婆你过来，尝尝我做的松鼠鱼。"是文彬的声音，他在喊那个女人。徐苒挂断电话，坐在地上。

当他离开你的那一刻，你与他之间的故事已经结束了，为何要将自己捆绑在已经结束的爱情上石沉大海？他不爱你了就是世界末日吗？心死了吗？既然你还能够呼吸，你的心永远不会死。把手伸向左胸，听听自己的心跳，依然那么有力，丢失一段爱情，只是增添了一些回忆。离去的不过是过客，何苦让自己"剪不断，理还乱"，一厢情愿地痛苦。

生活中也有些女人固执地守着已经死去的婚姻，天真地以为总有花开月圆的一天，孰不知自己正在慢慢葬送自己的青春与幸福。既然他已经表明心迹要离婚，既然他已经不再顾及你的感受和眼泪，该放手的放手，让该结束的结束。

杨晨晨在一番努力和挽救后，终究还是离了婚。她曾痛苦，曾悔恨，也曾认为自己的心已死。甚至想到过在一个无人的地方安静地死去。而后来她在网络中遇到雪娇，她的命运如杨晨晨一样。可雪娇告诉杨晨晨，不爱自己的人，就要放了他，死守只会让他不念旧情，从而恨你，也会让自己痛苦不堪。雪娇离婚后，虽然也很痛苦，但是她并不觉得自己丢了什么，只不过是人生中多了一段伤感的故事。她调整心态，每天开心快乐地活着，后来她遇到现在的丈夫，那个男人很爱她。

雪娇的故事让杨晨晨开始正确面对自己，不再执着于那段婚姻，既然结束了，就让它沉淀在过去。好好面对今后的人生，她开始相信，总有一天她会遇到那个真正爱她一生一世的人。

所以，不要再苦苦纠缠那已经画上句号的故事。如果你认为你的心已经死了，那只是死在了那段故事中。既然如此何不就此摆脱，你会发现自己依然渴望一段新的开始。

人生太过短暂，不幸的事随时都会发生，如果我们只一味地沉浸在那些不堪的回忆里，流连于无法挽回的感情中，那么这个世界不再会有蓝天，也不再有鸟语花香。既然结束了就忘记吧，只有这样我们才能走出心灵的牢笼。该舍弃的舍弃，该遗忘的遗忘，该尘封的尘封。我们要记住："世界上没有未完的故事，只有未死的心。"只要心不会停止跳动，我们就没有权利放弃自己。只要心还在跳动，终会有幸福的一生。

6. 你若自己不放手，谁也解救不了你

我们往往牢牢抓住所获得的一切，从来不考虑放弃，即便已到路的尽头，依然抱着逆转的侥幸心理。也因此，很多人在面临抉择的时候舍不得放弃，其结果不仅仅是赔了夫人又折兵，甚至还造成无法弥补的结果。

拿起却不会放下，甚至贪得无厌，那么，我们如何抗拒外面无穷无尽的诱惑、灯红酒绿的花花世界？抓住一个自己不爱的人不放，你痛苦，他也痛苦，难道非要逼着对方与你反目成仇，甚至造成更大的伤害时才看清自己的选择有多不值吗？硬坐在你无法胜任的职位上，整天忙得像无头苍蝇一样，却没有给公司带来丝毫效益，再不调整自己，你也只能换来被辞退的结局。

我们的一生，就如铺在花园中的一条小径，有着无数的岔口，不可能同时通向所有想去的地方，那么是穿进带刺的娇艳玫瑰花丛，还是选择清香淡雅的茉莉花丛？在现实的人生道路上，同样不可能事事完美。如果你统统将这些握在手中一样也不肯放下，最终只会生活得很痛苦，甚至原本抓住的一切也会失去。

有一个女孩，被自己相恋几年的男朋友抛弃了。她想不通为什么会是

这样，对这段感情始终不能放下。只要一想到他，她就泪流满面，终日精神恍惚，什么事情都做不下去。她根本不听朋友和家人的安慰及劝说，只是一个人沉浸在痛苦之中不能自拔。对于工作她也没有心思，每天只是魂不守舍地应付，不久就被老板炒了鱿鱼。这下她更加绝望了，她觉得自己很不幸，没有人真正关心她，人间没有温暖存在，幸福与自己更是无缘。

直到有一天，她洗脸的时候，突然仔细端详了一下自己的脸，被吓了一大跳。她不敢相信镜子中那个面色苍白、满眼怨恨的女人就是自己，她曾经是那样青春靓丽、活泼可爱。看着自己的样子，她甚至想，这个样子的女人她也不会爱的。

她下决心将以前的那段感情放下，不再在过去里哀怨感叹，她要过崭新的、健康的生活。于是她又找了一份工作，每天带着笑容面对家人、朋友、同事，积极地处理着生活和工作上的事务。不久，一个比前男友更好的男孩被她的积极乐观所吸引，同她展开了一段让人羡慕的恋情。

女孩说，其实放下很容易，只要你自己肯作决定。

放不放下，没有任何人能帮你，只有你自己才能决定。而我们有时会优柔寡断，无法割舍那本该放弃的东西，因而放弃了能够重新选择的最佳时期，甚至因为一些错误的选择付出巨大的代价。放弃需要勇气，而勇敢的女人，总能够把握住生命中真正宝贵的财富，从而收获爱情、家庭以及事业上的成功。

面对选择不果断，人生就失去了一次辉煌的机会。一些女人喜欢钻牛角尖，认准的事情任何人都不能阻止，结果在社会中伤得头破血流，而那时才认识到是自己害了自己，过分地执着并不是一件好事。

当坚持已经没有任何的意义，不如潇洒地放手。"条条大路通罗马"，只有重新选择，找到真正适合自己的那条路，短暂的人生才不会充满缺憾。

玫瑰花枯萎了，然而蜜蜂依然拼命吮吸着，只因为它过去一直靠吮吸这朵花上的蜂蜜生活。但枯萎的玫瑰花的蜜汁有毒，有毒的蜜汁很苦，当蜜蜂吸进嘴里的第一口，便尝出其中涩舌的苦味。蜜蜂愤起抱怨，抬起头来冲着天空喊："为什么原本的美味变得如此难吃？"

后来有一天，蜜蜂无来由地振动翅膀，飞到了毫无遮挡的上空。这时，它发现，枯萎的玫瑰花外围，处处是盛开的娇艳鲜花。

的确，放弃很难，总是充溢着无奈与伤痛。但若想要减少生活的一些弊端，就必须有这样的决心。毕竟无论你如何选择，都注定会失去一些东西，但得失是相互的，在你失去的同时你也会得到一些东西。

有时，我们心里也很通透，知道自己如果放弃会失去什么并得到什么。不过总觉得每样东西对自己都很重要，于是哪一样都舍不得放手。事实上，我们可以从中选择相对长远的。有些东西你以为错过了就不会再出现，可当我们真的不小心错过了，却会发现今后它依然会出现。

如果我们可以放弃一些执着，舍弃一些利益，其实得到的会更多。身边的人大多只关心我们能飞多高，只有我们自己才关心自己有多累，知道自己真正需要什么。所以，人生的道路要靠我们自己去走，解放自己的内心，不要受外界的牵绊，不要让自己生活在矛盾与挣扎之中。当我们什么时候懂得了放弃，什么时候才会慢慢向幸福靠拢。

歌德说过："生命的全部奥秘就在于为了生存而放弃生存。"睿智且内心淡定的女人懂得：勇于放弃是一种智慧，它代表的不仅是结束，更是新的开始。既然这条路不适合我们走，就干脆放弃，或许还来得及。

7. 在原地纠缠，只会让你丧失优雅

很多时候，我们会因为一时的偏犟或不宽容而轻易地放开爱的手，最后造成遗憾，苦了自己，久久无法释怀。也有时，分开的只是手，分不开的却是执着的牵挂、哀怨与无法解开的情缘。

或许你爱他已经到了无法自拔、完全失去自我的地步。没有他的消息，看不到他的影迹，你都会焦急地去寻找，找不到反而会胡思乱想他能出现的种种状况。当你感觉他在远离你时，一种窒息感让你仿佛看到了世界末日。

我们都知道时间是治疗伤痛最好的良药，也曾劝告他人忘记那不属于自己的过往。可是，当我们成为故事的主角，才发觉一切都是惘然。当他漠然转身，曾经的甜蜜就像影子一样纠缠着你，那些原本的美好，让你无处藏身。但他已经不再留恋你的世界，就没有必要再苦苦纠缠，让自己痛苦。

既然他没有选择你，潇洒地离去对两个人来说都是一种解脱。忘记过去，重新开始，一旦分手，就要彻底。如果你真的无法割舍，想要用普通朋友的身份继续出现在他的身边，会造成三种结果：一是你们之间的感情根本不是爱，这样分手后做朋友反而友情更深厚，会无话不谈；二是你们依旧彼此爱着对方，分手是身不由己，这样做朋友只会增加彼此的痛苦，见面时的强颜欢笑是对双方最残忍的惩罚；三是你爱着他，然而他不再爱你，这样做朋友只会让他很尴尬，会时不时想要逃离你在的任何场所。

我们总是习惯性地怀念往昔的岁月。或许你曾是他至爱的"公主"，他会在寒冷的夜晚来到你的窗下，等你一句回话。他会拼命追逐着载走你的列车，只求多看你一眼。而如今，他不再出现，你却像一个永远都找不

到玻璃鞋的灰姑娘，流浪街头。他给了你童话般的开始，却也给了你噩梦般的结局，或许你恨，或许你怨，或许你真的很不甘心。

窗外下起了绵绵不断的春雨，倩雯安静地坐在麦当劳桌前，孩子般舔着甜筒。对面的男人看着她，突然说："明天我就要走了，我们分手吧！"

倩雯的笑容僵在了脸上，眼泪流了下来，淌在沾有奶油的嘴角。她垂着头哭泣，对面的男人歉疚地说着什么也没有听到。当桌前只剩下她一个人，倩雯落寞地离开，一个人狼狈地走在那个下雨的夜里，流着眼泪，不知道该向哪里呼喊。

考虑了一夜，倩雯发誓一定要留住他，所以不断地给他打电话、发短信、发电子邮件……几乎能联系到他的方式，倩雯一个没有放过，而那个男人只简单地给她回复"你很烦"。倩雯绝望了，她好恨，恨自己全心全意的付出却换来他的冷漠。

既然他已经转身不再爱了，请不要与他讲你的琐事，你的生活已经与他无关，即使讲了，他也很快会忘记的。不要在他的面前流眼泪，生病也无须告诉他，因为他无法给予你照顾和关心，最多是简单的同情、怜悯。

当他准备离去，你不肯放手，你的爱便成了他的负担。你有心，他无意，这只会增加他内心的愧疚感。

因为你不够理智，总是想做一些事情挽回这段已经不可能存在的爱情，你的纠缠只会让你丧失掉作为女人的优雅，造成两个人的悲剧。

有些失去是注定的，有些爱是不会有结果的，爱一个人不一定要拥有。你说你忘不掉，无法淡忘，不是因为爱得太深，而是因为相处已经成为一种习惯，让这种习惯慢慢平淡，就让时间来沉淀一切。

当他已转身离去，请你深呼吸，你前进的路上铺满了爱的花蕾，总有那么一朵完全属于你。相信自己，你会找到属于你的天空，深信有个深爱你的人，在不远处等你。

8. 当断不断，你将错过幸福的机会

"这种男人，放弃吧，好像有点可惜；嫁他吧，心里又着实有点不甘。"有时候，很多女人身边都会出现这样的男人，爱吧真的很不甘心，抛弃吧又有些舍不得。

当自己玩得高兴的时候，你不再记得那个时不时出现在你身边的男人；然而当你落单或者寂寞的时候，总会想起那个男人的诸多好处。将他找回来，当然他很乐意回到你身边，可没几天你又开始嫌弃他的存在。如此这般循环，让他来来去去，你却始终无法将他驱逐出你的生活。

王娜婚后，去了广州工作，赚了不少钱。而她丈夫同样也有相当不错的收入。于是有钱的她没有时间陪丈夫，有钱的丈夫有了外遇，一场婚姻很快破裂。王娜后来回到了老家。

一晚，王娜出现在一个朋友的生日聚会上，她身边还有一个看上去比她矮的男人。这个男人相貌平平，一看就是那种极为内向的人，有点怯怯的样子，显然没有足够的自信心。这是王娜现在的同居男友。他当年就迷恋王娜，追求过一段时间，却没有结果。说不上是固执还是痴心，他居然一直单身未娶，在得知王娜结婚又离婚后，欢呼雀跃地把感情的小舟再次划向她。

她终于成为了他的女人，但仅仅如此。他想娶她，王娜却不愿意。王娜似乎惧怕婚姻，不太相信男人。她不知道男人是看上她的人，还是看上她的钱。

如果觉得身边的男人无法给你真正的安全感，倒不如趁早离开。如果你是个很要强的女人，那么，就不要为了摆脱一时的孤独而嫁给这样的男人，否则，你将很难容忍和一个平庸的男人共度一生。

而有些女人在外一无所获后，会对自己说："算了，就他了。"婚姻不是儿戏，不能因为害怕孤独而随随便便将自己嫁出去。嫁给一个你认为可有可无的男人，只会葬送了你一生的幸福。

美玲离婚后不久认识了杜涛，他是个老师，一开始接触觉得他不错，很细心，便开始交往。后来美玲提出结婚，杜涛说因为赶在春节期间民政局不工作，便答应他先办婚礼以后领证。

因为工作不在一个地点，除了周末平时都是分隔两地。一天美玲收到一个陌生号码发来的暧昧短信，后来意外地在杜涛的家里美玲拨打这个号码，发现一部被藏在床底下的手机，里面全是一些暧昧不清的短信。经过一番查找，美玲知道杜涛和别的女人有着暧昧不清的关系，这让美玲很气愤，两个人几乎每天都会争吵，弄得街坊邻居人尽皆知。然而他不加收敛，更加肆无忌惮，当着美玲的面上网跟那些女人谈情说爱，甚至鼓励美玲也上网找一个。

美玲在国外的一个朋友知晓了这些，便劝她早些离开杜涛。还帮美玲做了一份征婚启事，也因此美玲认识了华裔林先生。那位华裔林先生特意来看望美玲，还见了她的父母。从此两个人联系得越加紧密。华裔林先生的大度、成熟、稳重深深吸引了美玲。

然而在美玲生日的时候，杜涛拿着蛋糕出现在她面前。美玲担心华裔林先生过来后造成不必要的误会，便将他撵走。然而她没想到的是，杜涛走时拿走了她的手机。

后来那个华裔林先生没有再跟美玲有任何联系。美玲在翻看手机时发现一条短信上写着：原来你是有老公的人，希望我的出现没有对你们造成任何困扰。美玲真是欲哭无泪。

花心的男人不会拒绝其他女人的暧昧举动，"吃着碗里的，看着锅里的"，这样的男人不会给你足够的安全感。无味寡趣的男人，不解一丝风情，无论你想要怎样引起他的注意都无济于事，最后也是自己一个人郁闷。疑心病重的男人，你的一些小举动或者思想开小差都会让他们怀疑你做过什么不好的事情，只要弄不清楚便不会罢休。虚荣心极强的男人也无非是喜欢打肿脸充胖子，死要面子活受罪，可能连累你一起被他人歧视。大男子主义的男人，自高自大，自私自利，霸道得让你对他唯命是从，不许有任何的不满或者抱怨，甚至根本不体谅你操持家务的辛苦……

无论是以上的哪种男人，都只会让女人生活得不幸福。将感情寄托在一个不是很爱也不是很满意的人身上，对你而言不仅仅是青春上的耽误，还是对感情的伤害。当你守着这样的一个男人时，即使真的感情来了，也会因为你的犹豫不决或者那个男人的阻扰而与之失之交臂。

当然如果你和眼前的男友之间存留着一份真爱，他同时也愿意修正自己的行为，与你一起努力创造幸福的未来。那么，请珍惜他，包容他目前的小缺憾，也是可以营造出幸福人生的。

但如果你确定他的那些弊病已经根深蒂固，不会做出任何改变。那么，告诉自己：长痛不如短痛。早些脱离出来，你的青春不会给你任何等待的时间。

或许结束一段一直纠缠的感情会让你感到痛苦，但如果你不把位置腾空，怎么能给自己的真爱留出机会？

当断则断，女人的幸福才是最关键的，敞开那扇被关闭的大门，让阳光重新射进来，开始一段新的旅程，继续精彩地生活吧。

9. 如果没人给你鼓励，那就自己为自己加油

生活纷纷扰扰，我们避免不了会遇到这样或那样的事情。当我们遇到不如意的事情时，真正帮我们的人或许没有，真正能为我们分忧解难的也许不多。或许我们的朋友或者长辈能够理解我们，进而鼓励和帮助我们，但人生的路最终还是要我们自己走，他们并不能在你遇到困难或挫折的时候就突然出现，哪怕是拍拍肩膀或者一个鼓励的眼神都是奢侈的。

所以当我们无法从他人那里获得鼓励或者帮助时，我们要做的就是自己拯救自己，自己鼓励自己，相信自己，自己为自己缓解压力！

王娜是沙漠探险队的成员之一，结果却在一场沙尘暴中和队友走散了。她在望不到边际的沙漠中迷失了方向，而身上所携带的水最多能撑三天。

沙漠一直被视为黄色的死亡沼泽，炽热的烈阳和随时而来的风暴都是死亡的审判者。水已经喝光了，王娜踩在滚烫的沙子上缓步移动着，她又渴又累，但她很清楚一旦闭上眼睛，生命就会在这沙漠中走到终点。

终于她还是倒下了，在她处于半昏迷状态的时候，忽然听到了她的女儿在呼唤她。她努力睁开半只眼，模糊中好似女儿在向她招手。然而定睛一看，女儿消失了。她想到了深爱她的丈夫和年幼的女儿，想到父母还需要她的照顾，有太多太多的事情在等着她去完成。王娜告诉自己要振作，绝对不可以屈服，只要前进就有希望。

一股无形的力量支撑着王娜再次站起来，朝着沙漠的尽头走去。她脸上带着微笑，如果可能，她恨不得奔跑起来，但浑身上下疼痛得很，还有意识能支撑自己行走已经不容易了。她一遍又一遍地告诉自己要加油，一次一次想要倒下的时候在心里说快了，快到了。

沙漠似乎被王娜强大的决心和毅力吓退。终于，在王娜快支撑不下去的时候，她走出了沙漠。虽然那一刻她已经完全失去了知觉，但她的伙伴们和救援部队找到了她。凭借着坚强的信念，王娜奇迹般地走出了沙漠，活了下来。

遇到困难挫折时，不要一味地想要从他人那里得到帮助，我们应该学会自己鼓励自己，让勇气和力量在心中产生。一旦我们依靠自己的力量振作起来，那么今后无论面对怎样的困境，我们依然可以靠自己解决。

能自己拯救自己、鼓励自己、利用自己的力量走出困境的人，就算不能成为成功者，但绝不会是失败者。

人生之路漫漫其修远兮，所享受的并不仅仅是阳光、鲜花和掌声。工作的压力、成长的烦恼、家庭的变故、生活的贫困、病痛的折磨……种种苦难、困惑、烦恼、忧愁都会不期而至，常叫人欲理还乱。我们只有善于调整自己的心态，努力为自己加油，才能做到超然处之。多一分积极的心态，就会多一分快乐和满足，少一分烦恼和抱怨。

生活中总会遇到一些坑坑洼洼不好走的路程，但只要先抵制想奢求他人帮忙的欲念，做到为自己加油，给自己莫大的信任，就不容易产生患得患失的痛苦，才能够有"静观花开花落，笑看云卷云舒"的心境去享受幸福人生。